Uma história (muito) curta
da vida na Terra

FÓSFORO

HENRY GEE

Uma história (muito) curta da vida na Terra

4,6 bilhões de anos em doze capítulos (!)

Tradução do inglês por
GILBERTO STAM

1ª reimpressão

À memória de Jenny Clack (1947-2020),
mentora e amiga

PRIMEIRA LINHA DO TEMPO — TERRA NO UNIVERSO

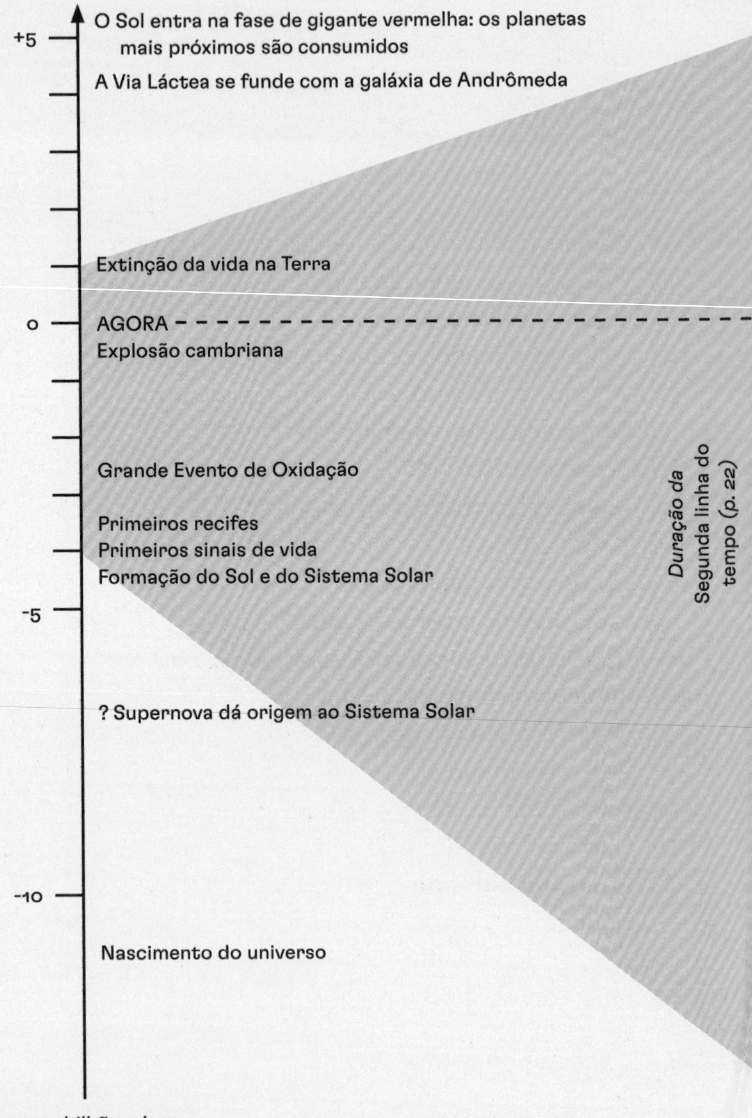

Tempo em bilhões de anos antes (sinal negativo) ou depois (sinal positivo) do presente

Crônicas de fogo e gelo

Era uma vez uma estrela gigante que estava morrendo. Ela estivera queimando por milhões de anos; agora a fornalha de fusão em seu núcleo ficara sem combustível para queimar. A estrela gerou a energia de que necessitava para brilhar por meio da fusão de átomos de hidrogênio, produzindo hélio. A energia gerada pela fusão não servia apenas para fazer a estrela brilhar. Era vital para contrabalançar sua própria gravidade, que puxava tudo para o centro. Quando o suprimento de hidrogênio diminuiu, ela passou a fundir hélio, formando átomos de elementos mais pesados, como carbono e oxigênio. A essa altura, porém, a estrela quase não tinha mais o que queimar.

Chegou o dia em que todo o combustível acabou. A gravidade venceu a batalha: a estrela implodiu. Após milhões de anos queimando, o colapso aconteceu em uma fração de segundo. Ela reagiu de forma tão explosiva que iluminou o universo — formava-se uma supernova. Qualquer vida que pudesse ter existido no sistema planetário da estrela foi aniquilada. Mas do cataclisma de sua morte nasceram as sementes de algo novo. Por toda parte, elementos químicos ainda mais pesados, forjados nos momentos finais da vida do astro — silício, níquel, enxofre e ferro —, foram espalhados pela explosão.

Milhões de anos depois, a onda de choque gravitacional da explosão da supernova atravessou uma nuvem de gás, poeira e gelo. O esticar e encolher dessa onda fizeram com que a nuvem ruísse sobre si mesma — e, enquanto se contraía, ela começava a girar. A força da gravidade comprimiu o gás no centro da nuvem com tanta força que os átomos começaram a se fundir. Os átomos de hidrogênio formaram hélio, criando luz e calor. Estava completo o ciclo da vida estelar. Da morte de uma antiga estrela surgiu outra, fresca e nova — o nosso Sol.

A nuvem de gás, poeira e gelo foi enriquecida com os elementos criados na supernova. Gerou um redemoinho em torno do novo Sol, depois coagulou, formando um sistema de planetas. Um deles é a nossa Terra. A Terra infante era muito diferente da que conhecemos hoje. Para nós, aquela atmosfera teria sido uma névoa tóxica de metano, dióxido de carbono, vapor de água e hidrogênio. A superfície era um oceano de lava derretida, perpetuamente agitado pelo impacto de asteroides, cometas e até de outros planetas. Um deles, Theia, era um planeta mais ou menos do mesmo tamanho de Marte hoje.[1] Theia atingiu a Terra de raspão e se desintegrou. A colisão lançou grande parte da superfície da Terra no espaço numa explosão. Assim, por alguns milhões de anos, nosso planeta teve anéis, como Saturno. Afinal, os anéis se uniram para criar outro mundo novo — a Lua.[2] Tudo isso aconteceu cerca de 4600000000 (4,6 bilhões) de anos atrás.

Milhões de anos se passaram. Chegou o dia em que a Terra esfriara o suficiente para que o vapor de água na atmosfera se condensasse e caísse na forma de chuva. E choveu por milhões de anos, o suficiente para criar os primeiros oceanos. E tudo o que havia eram oceanos — não havia terra firme. A Terra, que fora uma bola de fogo, tornou-se um mundo de água. Mas isso não significava que as coisas estivessem mais calmas: naquela época, a Terra girava mais rápido em torno de seu eixo do que hoje, e a nova Lua pairava ameaçadora logo acima do horizonte escuro, fazendo de cada maré um tsunâmi.

Um planeta é mais que um amontoado de rochas. Com o tempo, todo planeta com algumas centenas de quilômetros de diâmetro vai ganhando camadas. Materiais menos densos, como alumínio, silício e oxigênio, combinam-se em uma fina faixa de rochas perto da superfície. Materiais mais densos, como níquel e ferro, afundam até o núcleo. Hoje, o núcleo da Terra é uma bola de metal líquido em constante rotação. O núcleo se mantém quente por causa da gravidade e do decaimento de elementos radioativos pesados, como o urânio, forjados nos momentos finais da antiga supernova. Como a Terra gira, um campo magnético é gerado no núcleo dela. Seus tentáculos atravessam o planeta e se estendem até o espaço. Esse campo magnético nos protege do vento solar, uma tempestade constante de partículas de energia emitidas pelo Sol. Essas partículas, carregadas eletricamente, são repelidas pelo campo magnético da Terra e rebatem ou fluem ao redor do nosso planeta e em direção ao espaço.

O calor da Terra, irradiado para fora do núcleo derretido, mantém o planeta sempre em ebulição, como uma panela de água fervendo em um fogão. O calor que sobe à superfície amolece as camadas superiores e fragmenta a crosta, que é menos densa, mas mais sólida, forçando suas peças a se separarem e criando oceanos novos entre elas. Essas peças, as placas tectônicas, estão sempre em movimento. Elas se esbarram, se ladeiam ou resvalam uma por cima da outra. Essa movimentação, por sua vez, esculpe trincheiras profundas no fundo do oceano e eleva montanhas bem acima de sua superfície. Provoca terremotos e erupções vulcânicas. Constrói novos territórios.

Conforme as montanhas nuas se projetavam na direção do céu, grandes porções da crosta eram sugadas de volta às profundezas em fossas oceânicas nas bordas das placas tectônicas. Carregada de sedimentos e água, essa crosta era levada para o fundo da Terra — apenas para retornar à superfície assumindo novas formas. O lodo do fundo do mar nas franjas dos continentes desaparecidos pode, depois de centenas de milhões de anos, ressurgir em erupções vulcânicas[3] ou ser transformado em diamantes.

Em meio a todas essas catástrofes, surgiu a vida. Foram o tumulto e a calamidade que a alimentaram, cultivaram, fizeram com que se desenvolvesse e expandisse. A vida evoluiu nas regiões mais profundas do oceano, onde as bordas das placas tectônicas mergulhavam na crosta; e onde jatos de água fervente, ricos em minerais e sob extrema pressão, jorravam das rachaduras abissais.

Os primeiros seres vivos não passavam de membranas espumosas em fendas rochosas microscópicas. Eles se formaram quando as correntes marítimas ascendentes se tornaram turbulentas e se transformaram em redemoinhos que, ao perder energia, despejaram sua carga de detritos ricos em minerais[4] em frestas e poros das rochas. Essas membranas eram imperfeitas, semelhantes a peneiras, e permitiam que algumas substâncias as atravessassem, mas outras não.

Embora fossem porosas, o ambiente dentro delas se tornou mais calmo e mais ordenado que o turbilhão furioso do lado de fora. Uma cabana de madeira com teto e paredes ainda é um refúgio da ventania ártica lá fora, ainda que sua porta bata e suas janelas tremam. As membranas fizeram de sua permeabilidade uma virtude, usando fendas como porta de entrada para energia e nutrientes e como saída para eliminar resíduos.[5]

Protegidos do clamor químico do mundo exterior, esses pequenos reservatórios eram abrigos ordenados. Lentamente, eles refinaram a geração de energia, usando-a para fazer brotar pequenas bolhas, cada uma delas envolta em sua própria porção da membrana principal. No início, isso aconteceu de forma aleatória, mas gradualmente se tornou mais previsível, como resultado do desenvolvimento de um modelo químico interno que poderia ser copiado e passado para novas gerações de bolhas formadas por membranas. Isso garantia que elas fossem cópias mais ou menos fiéis de seus antecessores. As bolhas mais eficientes começaram a prosperar à custa das menos ordenadas.

Essas bolhas simples estavam às portas da vida, uma vez que encontraram uma maneira de interromper — ainda que de forma temporária e com grande esforço — o aumento inexorável da entropia — a quantidade de desordem no universo. Essa é uma propriedade essencial da vida. Essas células espumosas como bolha de sabão eram como minúsculos punhos cerrados desafiando o mundo sem vida.[6]

Talvez a coisa mais incrível sobre a vida — além de sua própria existência — seja a rapidez com que ela começou. Ela surgiu apenas 100 milhões de anos depois que o planeta se formou, em profundezas vulcânicas, quando a jovem Terra ainda era bombardeada por corpos celestes grandes o suficiente para criar as maiores crateras da Lua.[7] Há 3,7 bilhões de anos, a vida saiu da escuridão permanente das profundezas do oceano e se espalhou pelas águas superficiais iluminadas pelo Sol.[8] Há 3,4 bilhões de anos, os seres vivos começaram a se aglomerar aos trilhões para criar recifes, estruturas visíveis do espaço.[9] A vida na Terra chegou com força total.

No entanto, esses recifes não eram compostos de corais — que só apareceriam quase 3 bilhões de anos depois. Eles consistiam em fios esverdeados, finos como cabelo, e pompons de limo feitos de organismos microscópicos chamados cianobactérias (fig. 1) — as mesmas criaturas que formam hoje aquela espuma verde azulada em lagoas. Essas bactérias se espalhavam em finas camadas sobre as rochas e o leito do mar, apenas para serem cobertas pela areia na próxima tempestade: mas conquistavam o espaço de novo e, enterradas mais uma vez, formavam montes com camadas de lodo e sedimentos. Essas massas em forma de almofada, conhecidas como estromatólitos, se tornariam a forma de vida mais bem-sucedida e duradoura que já existiu no planeta — os governantes absolutos do mundo por 3 bilhões de anos.[10]

A vida começou em um mundo quente,[11] mas sem nenhum som além do vento e do mar. O vento agitava um ar quase totalmente livre de oxigênio. Sem a camada protetora de ozônio na atmosfera superior, os raios ultravioletas do Sol esterilizavam tudo o que estava acima da superfície do mar ou submerso a poucos centímetros de profundidade. Como forma de defesa, as colônias de cianobactérias desenvolveram pigmentos para absorver esses raios nocivos. A energia absorvida poderia ser posta para funcionar, e as cianobactérias a usavam para promover reações químicas. Algumas fundiam átomos de carbono, hidrogênio e oxigênio para criar açúcares e amido. Todo esse processo é conhecido como fotossíntese. A intempérie virou colheita.

Nas plantas atuais, o pigmento que coleta energia é chamado de clorofila. A energia solar é utilizada para quebrar a água em hidrogênio e oxigênio, seus átomos constituintes, liberando mais energia para impulsionar novas reações químicas. Nos primeiros dias da Terra as matérias-primas provavelmente eram minerais contendo ferro ou enxofre. A melhor delas, no entanto, foi e continua sendo a mais abundante — a água. Mas havia um probleminha. A fotossíntese da água produz como resíduo um gás incolor e inodoro que queima tudo que toca — o oxigênio livre, ou O_2, uma das substâncias mais mortais do universo.

Para as primeiras formas de vida, que evoluíram no oceano e sob uma atmosfera praticamente sem oxigênio livre, o O_2 seria uma catástrofe ambiental. Em perspectiva, no período em que as cianobactérias faziam seus primeiros ensaios de fotossíntese oxigenada — há 3 bilhões de anos ou mais — raramente havia mais que traços de oxigênio livre, portanto, ele não era um poluente significativo. Mas o oxigênio é tão potente que até mesmo traços dele eram um desastre para a vida que evoluíra em sua ausência. Essas lufadas de oxigênio causaram a primeira de muitas extinções em massa na história da Terra, geração após geração sendo queimada viva.

O oxigênio livre ficou mais abundante durante o Grande Evento de Oxidação, um período turbulento entre cerca de 2,4 bilhões e 2,1 bilhões de anos atrás, quando, por razões ainda obscuras, a concentração do gás na atmosfera aumentou abruptamente, chegando a valores maiores que o atual, de 21%, para em seguida se estabilizar um pouco abaixo de 2%. Embora ainda fosse muito pouco para os padrões modernos, o efeito no ecossistema foi gigantesco.[12]

Um aumento na atividade tectônica enterrou grande quantidade de detrito orgânico rico em carbono — os cadáveres de gerações de seres vivos — sob o fundo do oceano, mantendo-o a salvo do oxigênio. O resultado foi um excedente de oxigênio livre pronto para reagir com qualquer coisa que tocasse. O oxigênio deixou marcas até nas rochas, transformando ferro em ferrugem e carbono em calcário.

Ao mesmo tempo, gases como o metano e o dióxido de carbono foram removidos do ar, absorvidos pela abundância de rochas recém-formadas. Eles são dois dos gases componentes da manta isolante que mantém a Terra aquecida e promovem o que chamamos de "efeito estufa". Sem eles, a Terra mergulhou na primeira e maior de suas muitas eras glaciais, as geleiras se espalhando de polo a polo e cobrindo todo o planeta por 300 milhões de anos. Apesar de suas consequências, o Grande Evento de Oxidação e o episódio seguinte, da Terra Bola de Neve, foram o tipo de desastre apocalíptico que sempre fez a vida na Terra prosperar. Muitos seres vivos morreram, mas a vida foi compelida a se submeter a sua próxima revolução.

Nos primeiros 2 bilhões de anos da história da Terra, a forma mais sofisticada de vida foram as células bacterianas. Essas células parecem muito simples, sejam elas isoladas ou coladas umas às outras em camadas no fundo do oceano, ou nos longos filamentos de cabelo de anjo das cianobactérias. Cada uma, por si só, é minúscula. Numa cabeça de alfinete cabem, com folga, tantas bactérias quanto o número de pessoas que foi a Woodstock.*

Vistas no microscópio, as células bacterianas parecem simples e inexpressivas. Mas essa simplicidade é enganosa. Em termos de hábitos e habitats, as bactérias são altamente adaptáveis. Elas podem viver em quase qualquer lugar. O número de bactérias dentro do corpo humano (e em sua superfície) é muito maior que o de células humanas do próprio corpo. Embora algumas causem doenças graves, não sobreviveríamos sem a ajuda das bactérias que vivem no intestino e nos permitem digerir os alimentos.

E o interior humano, apesar de sua grande variação de acidez e temperatura, é, em termos bacterianos, um lugar aprazível. Para algumas bactérias, a temperatura de uma chaleira fervente é como um dia de primavera. Há bactérias que prosperam no petróleo bruto, em solventes que causam câncer em humanos ou mesmo em resíduos radioativos. Há bactérias que podem sobreviver ao vácuo do espaço, a extremos violentos de temperatura ou pressão, ou enterradas dentro de grãos de sal — e fazem isso há milhões de anos.[13]

As células bacterianas podem ser pequenas, mas são notoriamente gregárias. Diferentes espécies se aglomeram para trocar substâncias químicas. Os dejetos de uma espécie podem servir de refeição a outra. Os estromatólitos — aqueles primeiros sinais visíveis de vida na Terra — eram colônias de tipos diferentes de bactérias, que podem trocar entre si até porções de seus próprios genes. Hoje, essa facilidade de permutação

* Como disse Joni Mitchell, "quando chegamos a Woodstock, éramos meio milhão de fortes", e como acrescentou um jornalista de música desgastado pelo festival, "... e 300 mil de nós estavam procurando o banheiro". (Esta e as demais notas são do autor, exceto se sinalizado de outra maneira.)

permite que desenvolvam resistência a antibióticos. Se uma bactéria não tem um gene de resistência a certo antibiótico, ela pode obtê-lo no vale-tudo das trocas genéticas com outras espécies que compartilham o mesmo ambiente.

Foi a tendência das bactérias de formar comunidades de espécies variadas que permitiu a grande inovação evolutiva posterior. Elas levaram a vida em grupo para a fase seguinte — a da célula nucleada.

Em algum momento antes de 2 bilhões de anos atrás, pequenas colônias de bactérias adotaram o hábito de viver dentro de uma membrana comum.[14] Isso começou quando uma pequena célula bacteriana, chamada Archaeon,* se tornou dependente de algumas das células ao seu redor para obter nutrientes vitais. Essa célula minúscula formou gavinhas que cresciam em direção a suas vizinhas, a fim de trocar genes e outros materiais com mais facilidade. Os participantes do que havia sido uma comuna de células livres se tornavam, assim, mais interdependentes.

Cada membro se concentrava apenas em um aspecto particular da vida.

As cianobactérias se especializaram em coletar a luz solar e se transformaram em cloroplastos — as partículas verdes brilhantes que agora são encontradas nas células das plantas. Outros tipos de bactérias se dedicaram a liberar a energia dos alimentos e se tornaram as minúsculas organelas cor-de-rosa chamadas mitocôndrias, encontradas em quase todas as células que têm núcleo, sejam vegetais ou animais.[15] Fosse qual fosse a especialidade, todas elas acumulavam seus recursos

* Tecnicamente, "bactéria" e "Archaea" (plural de "Archaeon") — em português, Arquea — são tipos muito diferentes de organismos. Mas todos são pequenos e têm o mesmo grau de organização, então aqui uso "bactéria" como um termo familiar para ambos os tipos.

genéticos no Archaeon central, que se transformou no núcleo da célula — sua biblioteca, seu repositório de informações genéticas, sua memória e sua herança.[16]

Essa divisão do trabalho tornou a vida da colônia muito mais ágil e eficiente. O que antes era uma colônia solta se tornou uma entidade integrada, uma nova ordem de vida — a célula nucleada ou "eucariótica". Organismos feitos de células eucarióticas, sejam isoladas (unicelulares) ou agregadas em conjuntos (pluricelulares) são chamados de "eucariotas".[17]

A evolução do núcleo permitiu um sistema de reprodução mais organizado. As células bacterianas geralmente se reproduzem dividindo-se ao meio para criar duas cópias idênticas à célula-mãe. As variações originadas da incorporação de novo material genético surgem de forma gradual e aleatória.

Nos eucariotas, por outro lado, cada genitor produz células reprodutivas especializadas que servem como veículos para uma troca de material genético altamente coreografada. Os genes de ambos os genitores são misturados, criando o modelo de um indivíduo novo e singular, diferente deles. Chamamos de "sexo" essa elegante troca de material genético.[18] O aumento da variação genética em consequência do sexo levou a um aumento na diversidade, e o saldo evolutivo foi a riqueza de tipos diferentes de eucariotas e, ao longo do tempo, o surgimento de agrupamentos de células eucariotas que resultaram em organismos multicelulares.[19]

Os eucariotas surgiram de forma discreta e modesta entre cerca de 1,85 bilhão e 850 milhões de anos atrás.* Começaram

* Os geólogos — que, na ausência de um apocalipse tectônico iminente que vá abalar o mundo, preferem ficar na cama — se referem a esse período da história da Terra, de forma um tanto depreciativa, como *Boring Billion* [Os bilhões de anos monótonos].

a se diversificar há cerca de 1,2 bilhão de anos, dando origem às formas unicelulares ancestrais das algas e dos fungos e protistas, que antigamente chamávamos de "protozoários".[20] Pela primeira vez, eles se aventuraram longe do mar e colonizaram lagoas e riachos de água doce no interior do continente.[21] Crostas de algas, fungos e liquens[22] começaram a adornar litorais antes sem vida.

Alguns até fizeram experiências multicelulares, como a alga marinha *Bangiomorpha*,[23] há 1,2 bilhão de anos, e o fungo *Ourasphaira*, há aproximadamente 900 milhões de anos.[24] Mas houve seres bem estranhos. Os primeiros sinais conhecidos de vida multicelular têm 2,1 bilhões de anos. Algumas dessas criaturas tinham até doze centímetros de comprimento — longe de serem microscópicas, mas, para nossa visão moderna, tinham formas tão peculiares que sua relação com algas, fungos ou outros organismos é obscura.[25] Elas talvez fossem algum tipo de bactéria colonial, mas não podemos descartar a possibilidade de que tenham existido categorias inteiras de organismos vivos — bacterianos, eucariontes ou algo inteiramente diferente — que desapareceram sem deixar descendentes, e que, portanto, temos dificuldade em compreender.

Os primeiros rumores da tempestade que se aproximava vieram da fissura e do rompimento do supercontinente de Rodínia. Ele incluía todas as massas de terra significativas daquele período.[26] Uma consequência desse desmembramento foi uma série de eras glaciais do tipo que não se via desde o Grande Evento de Oxidação. Elas duraram 80 milhões de anos e, como o evento anterior, cobriram todo o globo. Mas a vida respondeu mais uma vez, enfrentando o desafio.

A vida se alistou na forma pacífica de uma série de algas, fungos e liquens.

Mas ela era resistente, móvel, e estava querendo briga.

Pois, se a vida na Terra foi forjada no fogo, ela se fortaleceu no gelo.

SEGUNDA LINHA DO TEMPO — A VIDA NA TERRA

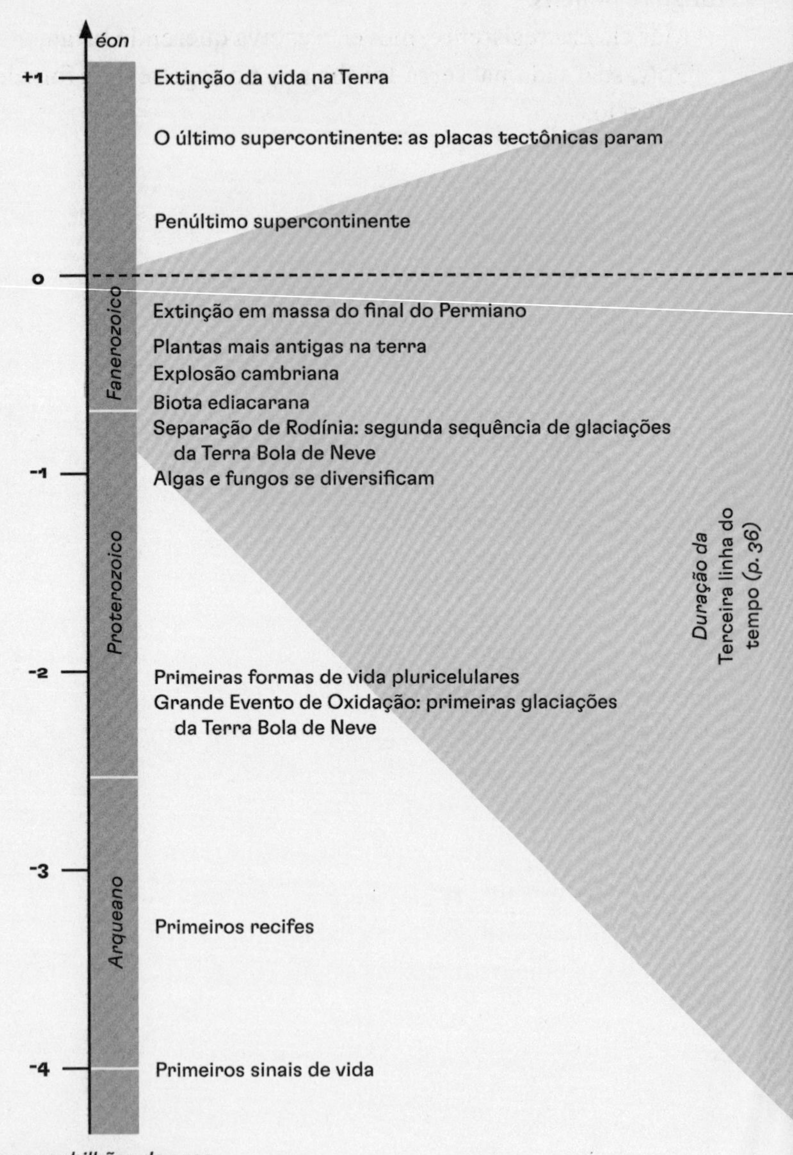

Congregação dos animais

O desmembramento de Rodínia, o supercontinente, começou há cerca de 825 milhões de anos. E continuou por quase 100 milhões de anos, formando um anel de continentes ao redor da linha do equador. A ruptura foi acompanhada por erupções vulcânicas poderosas que expeliram grande quantidade de rocha na superfície, a maior parte formada de um mineral ígneo chamado basalto. O basalto é facilmente modificado por intempéries como tempestades, e muito dos volumes de terra recém-fendidos estavam nos trópicos, onde o calor e a umidade tornam o intemperismo especialmente feroz.

O vento e as chuvas não jogaram só basalto nos oceanos. Eles também despejaram nas profundezas, fora do alcance do oxigênio, imensas quantidades de sedimentos ricos em carbono. Quando o carbono é oxidado e forma o dióxido de carbono, a Terra é aquecida pelo efeito estufa. Mas, com o carbono removido da atmosfera, o efeito cessa e a Terra esfria. Essa dança de carbono, oxigênio e dióxido de carbono marcaria o ritmo da história subsequente da Terra e da vida que rastejava em sua superfície.

Como resultado do desgaste dos fragmentos de Rodínia, há cerca de 715 milhões de anos a Terra foi lançada em uma série de eras glaciais que duraram cerca de 80 milhões de anos.

Como no episódio que sucedeu o Grande Evento de Oxidação mais de 1 bilhão de anos antes, essas eras glaciais estimularam a evolução. Elas prepararam o terreno para o surgimento de uma nova e mais ativa categoria de eucariota — os animais.[1]

O carbono que foi levado pela chuva até o mar chegou a um ambiente que, exceto em uma fina camada próxima à superfície que estava em contato com a atmosfera, quase não tinha oxigênio. E mais: a concentração de oxigênio na atmosfera não superava um décimo do nível atual, sendo ainda menor na superfície do oceano iluminada pelo Sol. Essa quantia não era suficiente para sustentar qualquer animal maior que o ponto-final desta frase.

Apesar disso, alguns animais conseguiam subsistir com quantidades mínimas de oxigênio. É o caso das esponjas (figs. 2 e 3), que apareceram pela primeira vez há cerca de 800 milhões de anos,[2] quando Rodínia estava começando a se fragmentar.

As esponjas eram e são animais muito simples. Embora suas larvas sejam pequenas e móveis, os exemplares adultos se fixam no mesmo lugar por toda a vida. Uma esponja adulta tem constituição simples, formada por uma massa disforme de células perfuradas por milhares de minúsculos orifícios, canais e espaços. As células que revestem esses espaços permitem que correntes de água as atravessem movimentando seus cílios, que são extensões de suas membranas. Outras células absorvem detritos presentes na água. As esponjas não têm órgãos ou tecidos distintos. Um exemplar vivo passado numa peneira e posto de volta na água vai se recompor em uma forma diferente, mas ainda estará vivo e funcional. É uma forma de vida simples que requer pouca energia — e pouco oxigênio.

Mas não há motivo para menosprezar o que é simples. Depois que as primeiras esponjas se estabeleceram, elas mudaram o mundo.

As esponjas que viviam entre os tapetes de lodo que cobriam o fundo do mar peneiravam partículas de matéria da água. Em um dia, o volume de água sugado por uma única esponja era pequeno, mas ao longo de dezenas de milhões de anos, bilhões de esponjas tiveram um impacto imenso. Seu trabalho lento e constante fez com que o fundo do mar acumulasse ainda mais carbono, que assim ficou indisponível para reagir com o oxigênio. Elas também limpavam a água ao seu redor de detritos que, de outra forma, teriam sido digeridos por bactérias decompositoras vampiras de oxigênio. O resultado foi o lento aumento na quantidade de oxigênio dissolvido no mar e no ar logo acima dele.[3]

Muito acima das esponjas, águas-vivas e animais menores parecidos com vermes se alimentavam de pequenos eucariotas e bactérias no plâncton — como é chamada a região ensolarada do mar mais próxima da superfície.[4] De início, já havia mais oxigênio na superfície das águas, e os corpos ricos em carbono das criaturas do plâncton, quando morriam, afundavam rápido em vez de permanecerem suspensos na água, afastando mais carbono do alcance do oxigênio molecular. O que, por sua vez, permitiu que mais oxigênio se acumulasse no oceano e na atmosfera.

Embora algumas das minúsculas criaturas que compunham o plâncton fossem visíveis a olho nu, muitas eram pequenas o bastante para que nutrientes e resíduos pudessem simplesmente se difundir para dentro e para fora de seus corpos. Aquelas um pouco maiores desenvolveram um local específico para que os nutrientes entrassem e para que os resíduos saíssem. Esse lugar era a boca, embora tivesse vida dupla como ânus.

O desenvolvimento de um ânus distinto em algumas espécies de vermes comuns levou a uma revolução na biosfera. Pela primeira vez, os resíduos se concentraram em pelotas sólidas, em vez de serem uma lavagem de excrementos dissolvidos. As fezes afundavam rapidamente até o fundo do mar em vez de se difundirem lentamente. Isso levou, literalmente, a uma corrida ao fundo. Organismos decompositores que consumiam oxigênio começaram a concentrar seus esforços perto do fundo do mar, e não em toda a coluna de água. Os mares, antes turvos e estagnados, tornaram-se mais claros e ainda mais ricos em oxigênio — o suficiente para possibilitar a evolução de formas de vida maiores.[5]

O desenvolvimento do ânus teve outra consequência. Animais com a boca em uma extremidade e o ânus em outra começaram a direcionar seu movimento — a "cabeça" na frente e a "cauda" atrás. No início, esses seres viviam catando restos do espesso tapete de lodo que jazia no fundo do oceano havia mais de 2 bilhões de anos.

Então, eles passaram a se enterrar sob o lodo. Depois, comeram o próprio lodo. Foi quando o reinado inconteste dos estromatólitos chegou ao fim.

E depois que os animais comeram todo o lodo, começaram a comer uns aos outros.

Ainda havia pela frente o pequeno desafio da glaciação mundial. Mas a mudança evolutiva prospera na adversidade, e as algas marinhas floresceram, nutrindo melhor os primeiros animais do que fariam as bactérias.[6]

E talvez a vida animal tenha sido empurrada na direção da crescente complexidade pelo próprio rigor das glaciações da

Terra Bola de Neve. Seguindo a máxima "o que não mata engorda", a vida animal teve, em sua aurora, que ser resiliente para sobreviver ao período de adversidades mais difícil de sua história. Quando as glaciações recederam — como todas na história da Terra fizeram —, a vida animal estava mais eficiente, mais mesquinha e pronta para consumir qualquer coisa que a Terra colocasse na sua frente.

A vida animal irrompeu em visibilidade por volta de 635 milhões de anos atrás, no que é conhecido como o período Ediacarano. Nesse primeiro fluxo de existência complexa floresceram belas formas frondosas, muitas delas difíceis de classificar.[7] Embora algumas fossem animais, outras talvez fossem liquens, fungos ou criaturas coloniais de afinidade incerta — ou algo tão completamente diferente que não temos meios de comparação.

Uma delas, criatura incrivelmente bonita chamada *Dickinsonia*, era larga, mas achatada e segmentada. É fácil imaginar uma delas deslizando graciosamente sobre o sedimento, como os vermes ou as lesmas-do-mar fazem hoje.[8] Outro fóssil, chamado *Kimberella*, pode ser um parente muito antigo dos moluscos.[9] Outros seres, os rangeomorfos, são ainda mais difíceis de classificar. Assemelhavam-se a pães trançados e provavelmente passavam toda a vida no mesmo lugar, embora — como em um pé de morango — novas colônias brotassem ao redor do pé-mãe.[10] O mundo dessas criaturas estranhamente belas e alienígenas era plácido e silencioso. Elas viviam em mares rasos e pontuavam a costa por entre as algas.[11]

As primeiras criaturas ediacaranas tendiam a ter esse corpo mole e frondoso. As que eram mais parecidas com animais e que podem ter se movimentado apareceram mais tarde, há cerca de 560 milhões de anos — de quando data a aparição generalizada dos traços fósseis. Esse tipo de fóssil não carrega impressões das criaturas em si, mas sinais de sua atividade, como marcas de trilhas e tocas. Os traços fósseis são tão intrigantes quanto as pegadas de um criminoso que acabou de deixar a cena do crime. Podemos inferir algo sobre a constituição do criminoso, e até mesmo de suas intenções, a partir de uma pegada. Mas não podemos dizer muito sobre, por exemplo, as roupas que usava ou a arma que carregava. Para fazer isso, teríamos que pegá-lo em flagrante. Muito raramente, conseguimos fazer o mesmo com os traços fósseis. Um desses casos é o fóssil chamado *Yilingia spiciformis*, que viveu bem no final do período Ediacarano. De vez em quando, espécimes são encontrados no final de suas trilhas, e eles se parecem com as minhocas que os pescadores usam hoje como isca.[12]

Esses vestígios têm importância incalculável, por constituírem um eco, ou uma pós-imagem, do momento da evolução em que os animais começaram a se movimentar. Até aquele momento, as criaturas geralmente estavam enraizadas em um ponto fixo por pelo menos uma parte de seu ciclo de vida. Rastros e traços quase sempre são deixados por animais acostumados ao movimento muscular direcionado. Se as fontes de alimento estão por toda parte, não há necessidade de sair procurando por elas. No entanto, se um animal tem uma única direção de deslocamento, com uma boca em uma extremidade, geralmente está procurando algo, e esse algo é comida. Em algum momento no meio do período Ediacarano, os animais passaram a comer uns aos outros de forma ativa. E quando isso aconteceu eles também tiveram de encontrar maneiras de evitar serem comidos.

Um animal que se enterra na lama precisa de um corpo denso e resiliente para penetrar no sedimento. Existem vários jeitos de ter essas características. O corpo de um escavador pode ser sustentado por um esqueleto interno, como, digamos, o do cão jack russell; ou por um esqueleto externo, como o do caranguejo. No começo, os esqueletos externos eram macios e flexíveis (como o do camarão), mas se tornaram duros e mineralizados (como o da lagosta). Outra forma de se habilitar como escavador é organizar o corpo como uma série de segmentos repetidos, cada um deles cheio de fluido e separado do segmento anterior e do posterior por uma espécie de divisória. Se os segmentos estiverem contidos em um tubo externo e rígido de músculo, você pode forçar sua entrada no solo exercendo pressão sobre esse tubo. Se você se movimenta dessa maneira, você é uma minhoca.

Os parentes marinhos das minhocas fazem a mesma coisa, mas muitos têm protuberâncias flexíveis em cada segmento, semelhantes a membros, que os ajudam a cavar, remar ou rastejar na superfície. Alguns dos primeiros rastros de animais fossilizados, como os do *Yilingia spiciformis*, podem ter sido deixados por esse tipo de criatura.

Animais como esses vermes segmentados têm uma organização mais sofisticada do que as águas-vivas ou mesmo do que platelmintos simples. E a diferença crucial é que seus corpos são divididos em uma parte interna e uma externa.

As águas-vivas e os platelmintos simples não possuem entranhas. No lugar delas, há embolsamentos da superfície, e sua conexão com o exterior serve tanto de boca quanto de ânus. Animais mais complexos, por outro lado, dispõem de um tubo intestinal com uma boca em uma extremidade e um ânus na outra. Eles também podem ter cavidades internas que separam o intestino da superfície externa. É nesse espaço que os órgãos internos podem se desenvolver.

Em geral, animais como a água-viva não contam com esse espaço de armazenamento. A presença de espaço interno indica que o crescimento do intestino e a superfície externa não estão mais ligados, permitindo o desenvolvimento de intestinos grandes e complexos e também de um tamanho maior no todo. Tripas e porte grandes são úteis se você optar por comer seus semelhantes para sobreviver.

E se é isso que você faz, você precisa de dentes. E, se quiser evitar ser devorado, precisará de uma armadura. Os animais daquele éden ediacarano eram, em sua maioria, moles, escorregadios e indefesos. A expulsão do paraíso foi dura e impiedosa — e desencadeada por outra grande convulsão da Terra.

Ela aconteceu durante outro momento de pesado intemperismo, no final do período Ediacarano. A crosta terrestre sofreu tanto com o clima que grande parte de sua superfície erodiu até o leito rochoso e a matéria foi toda despejada no mar. Isso teve dois efeitos. Primeiro, o nível do mar subiu radicalmente, inundando a costa e abrindo mais espaço para a vida marinha. O segundo foi a súbita disponibilidade de elementos químicos na água do mar, como o cálcio, ingrediente essencial para a formação de conchas e esqueletos.[13]

Os primeiros esqueletos mineralizados têm cerca de 550 milhões de anos e pertenciam a um animal chamado *Cloudina*. Pareciam pilhas de casquinhas de sorvete muito pequenas, aninhadas umas dentro das outras.[14] Fósseis de *Cloudina* são encontrados no mundo todo e, já naquela época, alguns deles mostram evidências de terem sido perfurados por algum predador desconhecido, mas de língua afiada.[15] Um pouco mais tarde, por volta de 541 milhões de anos atrás, um vestígio fóssil chamado *Treptichnus* começa a aparecer amplamente. *Treptichnus* é um tipo específico de toca no fundo do mar, feita por animais desconhecidos. Ele marca o início do período Cambriano e da segunda grande eflorescência de vida animal — animais que cavavam, nadavam, lutavam e comiam uns aos outros. Eles tinham esqueletos duros reforçados por compostos de cálcio. Também tinham dentes.

Talvez os animais mais conhecidos do período Cambriano sejam os trilobitas (fig. 4). Eram artrópodes[16] — ou seja, animais com membros articulados — que se pareciam bastante com tatuzinhos de jardim. Eles eram comuns nos mares desde o início do Cambriano até o Devoniano, quando entram em declínio até sua extinção no final do Permiano, há cerca de 252 milhões de anos.

Os trilobitas são fósseis relativamente comuns. Todo colecionador de pedras tem pelo menos um, mas sua familiaridade e sua onipresença não devem nos levar a subestimá-los. Os trilobitas eram extraordinariamente belos e complexos como qualquer animal vivo hoje. Tinham exoesqueletos que podiam trocar à medida que cresciam, assim como os artrópodes fazem hoje, desde os menores mosquitos até as maiores lagostas. Talvez o mais notável fossem seus olhos: cada um era uma coleção de dezenas, até centenas de facetas individuais, como os olhos de uma libélula. Cada faceta foi preservada em fósseis de carbonato de cálcio cristalino. Havia variações, é claro. Alguns trilobitas tinham olhos enormes, enquanto outros eram cegos. Alguns se especializaram em revirar o fundo do mar, enquanto outros eram melhores nadadores. Mas a vida cambriana não era feita apenas de trilobitas.

Um dia, há cerca de 508 milhões de anos, no que hoje é a Colúmbia Britânica, no Canadá, um deslizamento de terra varreu parte do fundo do oceano para profundidades ainda maiores — junto com tudo que vivia ali, na superfície ou acima dela. Os animais foram enterrados intactos, em condições quase livres de oxigênio. Esse rápido sepultamento garantiu que eles permanecessem inteiros. Até detalhes sutis de seus tecidos moles se mantiveram quase intocados no meio bilhão de anos subsequente. Durante esse tempo, as rochas foram comprimidas muito lentamente até formar xisto e, nos últimos 50 milhões de anos, foram empurradas dos oceanos para os picos mais altos da América do Norte, onde, desde a sua descoberta, em 1909, tornaram-se conhecidas como o Folhelho de Burgess. As criaturas enterradas representam uma rara fotografia da vida antiga no fundo do mar no período Cambriano.

É uma coleção e tanto. Um desfile de patas espinhosas e articuladas, garras barulhentas e antenas emplumadas — todas partes de animais aparentados de forma obscura com os crustáceos, os insetos e as aranhas de hoje. Algumas dessas criaturas eram muito estranhas, mesmo comparadas com a exuberante diversidade de artrópodes atuais. Havia a *Opabinia* (fig. 5), com cinco olhos pedunculados e mandíbulas vorazes presas na ponta de um focinho flexível semelhante a uma mangueira.

Havia o *Anomalocaris*, um predador de um metro de comprimento que percorria as profundezas em busca de presas que pudesse enfiar na boca circular trituradora de lixo com pinças afiadas.[17]

E, acima de tudo, havia a *Hallucigenia* (fig. 6), uma criatura parecida com um verme que rastejava no fundo do mar, protegida por uma dupla fileira de espinhos longos e desajeitados que carregava nas costas.

Enquanto os artrópodes rastejavam no fundo do mar ou nadavam por ali, um país das maravilhas de vermes se contorcia no lodo abaixo.

Muitas das criaturas encontradas no Folhelho de Burgess são apenas parentes distantes de animais que vivem hoje.[18] No entanto, é possível discernir com qual dos grandes grupos de animais cada fóssil tem parentesco, mesmo que seja só um primo remoto e excêntrico. Assim como os artrópodes — em seu sentido mais amplo, incluindo a *Hallucigenia*, bem como fósseis que parecem os modernos vermes aveludados que se movem na serrapilheira do solo das florestas tropicais, cada um deles parecendo uma minhoca, mas com perninhas atarracadas, como as do boneco da Michelin —, havia um bocado de animais aparentados com vários tipos de vermes que se enterram em sedimentos.

O mesmo acontece com os moluscos, que são tão moles quanto os artrópodes são pontiagudos, pelo menos por dentro. O *Wiwaxia* combinava o corpo de um verme segmentado com a língua denteada, ou rádula, de um molusco — a mesma rádula que, nas lesmas modernas, causa estragos na sua alface. Todos vestidos com uma cota de malha bem diferente da das lesmas.[19] Outro animal com uma rádula, mas que parecia um cruzamento de colchão de ar com moedor de café, era o *Odontogriphus*, também parente dos primeiros moluscos.[20]

Em outros lugares, havia o *Nectocaris*, uma criatura muito primitiva, sem concha, semelhante a uma lula, e o mais antigo membro conhecido dos moluscos cefalópodes.[21] Hoje, esse grupo inclui o polvo, um dos mais inteligentes e estranhos de todos os invertebrados; e a lula-colossal, o maior de todos. A história fóssil dos cefalópodes é tão majestosa quanto sugeriram seus representantes modernos, com a evolução — pouco depois do *Nectocaris* — dos náutilos, lulas com conchas semelhantes a trompetes com vários metros de comprimento; e, depois, na era dos dinossauros, das amonitas espiraladas (fig. 7), algumas das quais cresceram tanto quanto pneus de caminhão, a navegar graciosamente pelos oceanos.

Desde a descoberta do Folhelho de Burgess, foram encontrados outros depósitos semelhantes com idades parecidas. Eles incluem a biota de Chengjiang, no sul da China, e se estendem por todo o mundo, do sul da Austrália ao norte da Groenlândia. Todos são notáveis pela fidelidade da preservação fóssil nos mínimos detalhes. O fóssil chinês *Fuxianhuia*, semelhante ao camarão, por exemplo, foi encontrado com tantos detalhes que foi possível localizar as conexões nervosas em seu cérebro.[22]

Essa incrível preservação é extremamente rara. Ela resulta de uma tempestade perfeita das circunstâncias geológicas em conjunto com a bioquímica do enterramento. Em quase todos os casos, os fósseis são encontrados compostos apenas das partes duras já infundidas com minerais: conchas, ossos e dentes, em vez de nervos, guelras ou tripas. Há muito se conhecem fósseis com aproximadamente a mesma idade dos de Burgess, mas são todos duros e formados por conchas: um legado da repentina infusão de minerais no mar no final do período Ediacarano, que permitiu aos animais se vestirem de armaduras.

A eflorescência de formas de vida que ocorreu no período Cambriano ao longo de apenas 56 milhões de anos não se comparava a nada que houvesse aparecido antes, exceto a própria origem da vida — nem com o que veio depois, é preciso dizer. Embora 56 milhões de anos seja muito tempo, nos 485 milhões de anos subsequentes só surgiram elaborações de temas bem estabelecidos. É menos tempo que o intervalo de 66 milhões de anos decorrido desde a extinção dos dinossauros.

Não é à toa que esse abalo sísmico da evolução ficou conhecido como a "explosão" cambriana. No entanto, foi mais um estrondo lento que uma irrupção repentina. Começou com o desmembramento de Rodínia e a evolução e o eclipse da estranhamente bela fauna ediacarana, e continuou até cerca de 480 milhões de anos atrás.[23]

*

No final do período Cambriano, todos os principais grupos de animais que ainda existem hoje tinham feito sua primeira aparição no registro fóssil.[24] Não apenas artrópodes e vários tipos de vermes, mas equinodermos (animais com a pele espinhosa, como os ouriços) e vertebrados (animais com coluna vertebral, inclusive nós). Um dos primeiros foi o *Metaspriggina*, que era semelhante a um peixe e foi encontrado no Folhelho de Burgess. Em vez de ter uma armadura externa de calcita, tinha uma espinha dorsal interna e flexível, à qual se ancoravam músculos poderosos. Isso o ajudava a nadar — e rápido, para evitar a perseguição apavorante de artrópodes gigantes como o *Anomalocaris*.

O *Metaspriggina* foi um dos primeiros peixes a entrar no registro fóssil. Mas sua história fica para o próximo capítulo.

TERCEIRA LINHA DO TEMPO — VIDA COMPLEXA

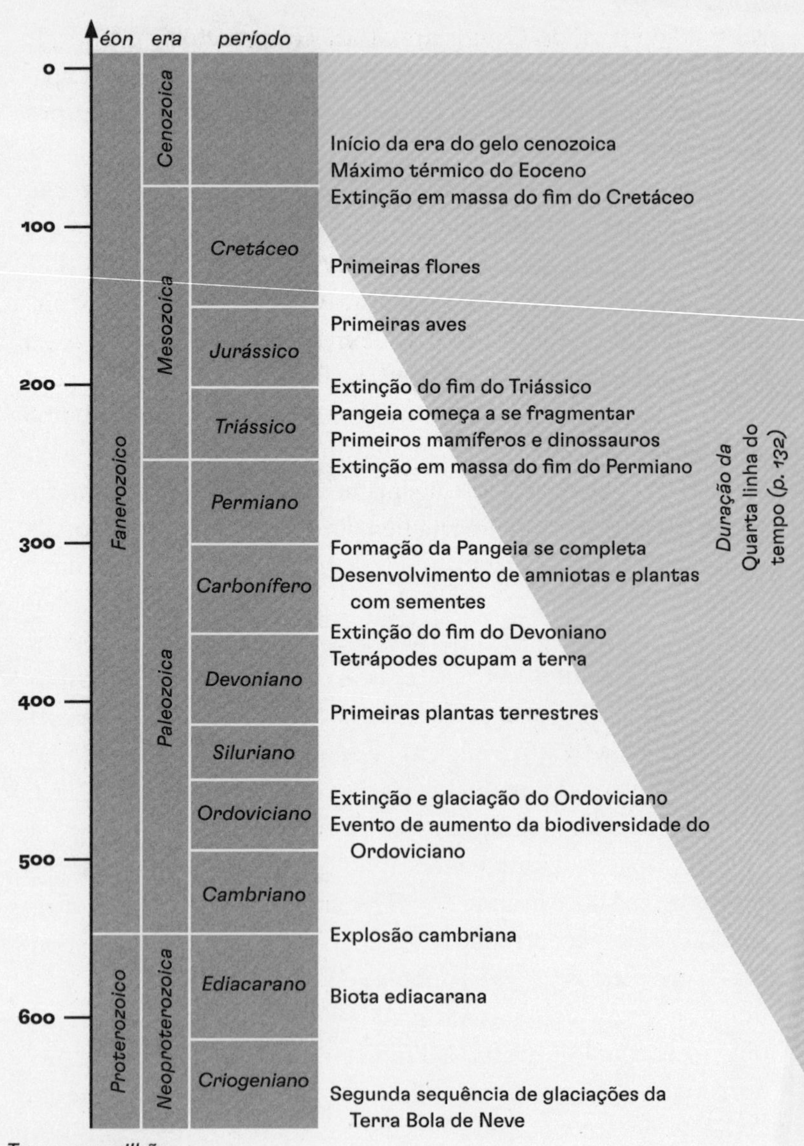

Surge a coluna vertebral

Enquanto nos oceanos quentes e rasos do início do Cambriano o tinido das pinças pontiagudas dos artrópodes se ouvia em toda parte, algo acontecia mais ao fundo, no pântano arenoso de grãos minerais. Uma pequena criatura chamada *Saccorhytus*, menor que a cabeça de um alfinete, vivia modestamente ali entre os grãos, filtrando detritos da água.[1] A filtração de alimentos não era uma novidade — as esponjas faziam isso havia 300 milhões de anos —, e muitas outras criaturas, como os mariscos, a reinventavam. Garimpar o sedimento para obter pedaços comestíveis é um meio barato e eficiente de ganhar a vida, especialmente para pequenos animais com poucas demandas metabólicas. O *Saccorhytus* era exatamente esse tipo de criatura.

Em forma de batata, embora muitíssimo menor, o *Saccorhytus* tinha uma boca grande e circular em uma extremidade, pronta para receber a corrente de água, puxada — como nas esponjas — por fileiras de cílios ondulantes. Em cada lado havia uma linha de poros, como escotilhas nas laterais de um navio, por onde saía a água filtrada. No interior, redes de muco pegajoso aprisionavam partículas de detritos. A maior parte do interior do *Saccorhytus* era ocupada por esse arranjo de boca e escotilhas, conhecido como faringe. O muco era enrolado como uma corda e engolido por um intestino interno. Isso e todo o resto das vísceras ficavam em um espaço relativamente pequeno na parte de trás. O ânus era interno, e as fezes eram expelidas pelas escotilhas, junto com os espermatozoides ou os óvulos, lançados pelo progenitor para tentar a sorte no mundo.

No entanto, o *Saccorhytus* era um ser indefeso, à mercê dos caprichos do ambiente, assim como os grãos minerais entre os quais vivia. Mesmo passando despercebidos por predadores maiores, incontáveis animais como ele eram engolidos por filtradores de paladar pouco refinado, como esponjas e moluscos. Alguns dos descendentes do *Saccorhytus* encontraram uma saída na evolução, tornando-se maiores, mais móveis, blindados ou ferozes — ou combinações de tudo isso.

Ser maior significa que a probabilidade de um animal ser engolido por inteiro é menor — embora ele corra o risco de ser bicado e comido aos pedaços. Para evitar esse destino, alguns animais desenvolveram armaduras. Muitos outros já haviam reforçado sua camada externa com carbonato de cálcio, obtido nos mares ricos em minerais. Um dos minerais mais comuns — compõe a calcita, o giz, o calcário e o mármore —, o carbonato de cálcio era abundante nos mares cambrianos, tornando-se madrepérola quando esculpido por seres vivos: são as conchas de moluscos e crustáceos, as espículas microscópicas de esponjas e a armadura sobre a qual se assentam as formas fantásticas dos recifes de coral.

Alguns dos herdeiros blindados dos *Saccorhytus* criaram seus trajes distintivos de cota de malha, cada elo esculpido com um único cristal de calcita. Ao fazer isso, tornaram-se espinhosos equinodermos ancestrais das estrelas-do-mar e dos ouriços-do-mar. Todos os equinodermos de hoje têm uma forma corporal distinta baseada no número cinco, totalmente diferente da de qualquer outro animal. No Cambriano, no entanto, suas formas eram mais variadas. Embora alguns tivessem simetria bilateral, outros eram trirradiais (ou seja, com uma simetria baseada no número três), e outros, ainda, completamente irregulares. Tudo começou com a faringe com boca e escotilhas do *Saccorhytus*, que com o tempo foi substituída por outros modos de alimentação — nenhum equinodermo atual se alimenta daquela forma.

Os equinodermos optaram por essa estratégia de defesa blindada contra a predação. Outra solução era fugir — nadar para longe do agressor o mais rápido possível. Ela foi adotada por outro ramo dos descendentes do *Saccorhytus*, alguns dos quais desenvolveram na extremidade posterior da faringe uma cauda ligeira, boa para escapar rápido de qualquer ameaça.

Essa cauda começou como uma haste longa e firme mas flexível, que evoluiu a partir de uma ramificação do intestino. Chamada notocorda, a estrutura seria como aqueles balões em forma de salsicha que os animadores torcem em formas incríveis nas festas infantis. Embora muito flexível, a notocorda retornava à sua forma original longa e estreita quando não estava sob tensão. Essa propriedade fez dela um lugar propício para ancorar fileiras de músculos de ambos os lados, que se contraíam e relaxavam alternadamente. Isso contorcia o corpo do animal em séries de curvas em S que o impulsionavam pela água. Os músculos eram coordenados por ramificações regulares de um nervo que corria ao longo da superfície superior — a medula espinhal.

Animais cambrianos chamados de vetulicolianos eram assim.[2] Um vetulicoliano, com poucos centímetros de comprimento, tinha uma faringe parecida com a de um *Saccorhytus* acrescida de uma cauda segmentada. Embora alguns vetulicolianos nadassem em águas abertas,[3] eles passavam a maior parte do tempo enterrados na areia, com a boca à mostra, filtrando calmamente sedimentos do mar. Se ameaçados, no entanto, batiam a cauda e nadavam rapidamente para longe do perigo, estabelecendo-se em um novo local e usando o rabo para cavar um novo refúgio na areia. Os yunnanozoários eram primos dos vetulicolianos nos quais a cauda e a faringe começaram a crescer juntas. Além de se projetar para trás, a cauda também se estendia para a frente, por cima da faringe, e, mais tarde, a envolvia, resultando numa forma mais parecida com a de um peixe.[4] A *Pikaia*, uma estranha criatura encontrada no Folhelho de Burgess, tinha esse aspecto.[5] Outro animal desse tipo foi o *Cathaymyrus*, da biota de Chengjiang, na China.[6]

À primeira vista, o *Cathaymyrus* parecia um filé de anchova. Mas, embora sua notocorda e seus blocos de músculos fossem fáceis de visualizar — com a parte frontal envolvendo a faringe —, faltava-lhe muito. Uma única mancha de pigmento na frente fazia a função dos olhos. Não tinha cabeça, escamas, orelhas, nariz, cérebro — não tinha quase nada. Teria sido um excelente candidato para se juntar à turma d'*O Mágico de Oz*. Apesar dessas carências, os *Cathaymyrus* e seus parentes viveram bem, ainda que modestamente, por meio bilhão de anos: enterrados, com a cauda para baixo, nos interstícios ignorados do mundo, onde passaram quase toda a vida filtrando detritos da água do mar na tradição consagrada pelo tempo. Só ousavam se deslocar quando ameaçados, nadando até encontrar um refúgio. Alguns parentes dos *Cathaymyrus* sobrevivem até hoje, e são conhecidos como anfioxos lanceolados.

*

O *Cathaymyrus* combinava a faringe e a cauda em um único animal hidrodinâmico. Alguns de seus primos, porém, adotaram um modo de vida totalmente diferente. Em vez de juntar a faringe e a cauda, essas criaturas — os tunicados — as desconstruíram, aproveitando cada uma delas em diferentes fases da vida.[7] A larva do tunicado é basicamente uma cauda, com um cérebro simples, olhos simples (ocelos) e um órgão sensível à gravidade. Esses sentidos são rudimentares, mas atendem aos seus propósitos: distinguir a luz da escuridão e detectar em qual sentido está o fundo do mar. Ela tem apenas uma faringe modesta e não pode se alimentar. Isso é bastante coerente com o seu objetivo, que é procurar um local profundo e escuro onde possa se instalar quando adulta. Quando encontra um local adequado, a larva entra de cabeça no chão. A cauda é reabsorvida e a criatura se transforma no que é basicamente uma faringe gigantesca, dedicada à alimentação. Estar fixa em um ponto faz dela uma presa fácil, então os tunicados desenvolveram suas próprias armaduras, na forma de uma "túnica" feita de celulose. Essa substância, encontrada apenas em plantas, não é digerível. As túnicas dos tunicados podem conter outras substâncias exóticas extraídas da água do mar, como níquel ou vanádio, e às vezes também são enrijecidas por minerais. O tunicado *Pyura*, por exemplo, é idêntico a uma rocha, até que alguém o abra. Eles vivem assim desde o Cambriano.[8]

Os tunicados sempre se alimentaram usando o já consagrado sistema de filtragem da faringe, com a boca e as escotilhas, criado pelo pioneiro *Saccorhytus*.[9] Seus parentes mais próximos, os vertebrados, seguiram um caminho totalmente diferente. Eles transformaram o que antes era um recurso de fuga — a notocorda e a cauda — em um meio de movimentação para a frente. O *Cathaymyrus* e seus parentes usavam a cauda sustentada na notocorda apenas para impulsos muito curtos. Nos tunicados, em geral, a cauda enrijecida existia apenas na larva, que a usava de forma específica, para encontrar um bom local para se estabelecer e, uma vez instalada, ali ficar. Esses animais precisavam apenas de informações mínimas sobre a direção a seguir. Para eles, o objetivo da cauda era partir rapidamente em uma jornada que logo terminaria.

Nenhum vertebrado, no entanto, passa uma parte considerável de seu ciclo de vida fixo em um único lugar.* Uma bateria muito mais abrangente de sentidos era necessária para estarem sempre alertas. Os vertebrados desenvolveram olhos grandes e pareados, um olfato refinado e um elaborado sistema de detecção de correntes de água.** Eles se tornaram muito mais sensíveis a seu ambiente e a seu lugar ali do que quaisquer outros membros da escola de *Saccorhytus*: tunicados, anfioxos, vetulicolianos, equinodermos e assim por diante. Um sistema sensorial elaborado exige um cérebro complexo e centralizado. Os cérebros dos vertebrados correspondiam ou até superavam a complexidade dos de outros animais altamente móveis, como crustáceos, insetos e o mestre do movimento, o polvo — ainda que esses cérebros tenham sido constituídos por caminhos muito diferentes.

E foi assim que, da escuridão do fundo do mar cambriano, como raios de sol tremulantes perpassando a água, emergiram peixes como o *Metaspriggina*,[10] o *Myllokunmingia* e o *Haikou-*

* Exceto gatos.

** Em peixes (isto é, vertebrados aquáticos), esse é o sistema de linha lateral. Nos vertebrados terrestres (isto é, tetrápodes), ele foi reduzido ao sistema vestibular do ouvido interno, cujos movimentos nos fornecem nosso sentido de para cima e para baixo e de onde estamos no ambiente.

ichthys.[11] Essas pequenas criaturas são evidências de que os vertebrados surgiram e se espalharam em meados do Cambriano. Eram os primeiros peixes, e tinham bocas, mas não mandíbulas; e uma faringe, embora não fosse mais usada para alimentação por filtragem. Sendo animais muito mais ativos que seus primos tunicados, os vertebrados precisavam de um suprimento maior de oxigênio — e as antigas escotilhas faríngeas que tiveram origem no *Saccorhytus* se transformaram em fendas branquiais. A água que entrava pela boca era expulsa pelas brânquias por ação muscular. As brânquias, ricas em vasos sanguíneos, extraíam o oxigênio da água e expeliam dióxido de carbono, também conhecido como gás carbônico. Os vertebrados, então, turbinaram a faringe. Campos de cílios batendo suavemente foram substituídos por fileiras de músculos para a ventilação, ou respiração, e a captura ativa de presas.[12]

Em parte, os vertebrados precisam de mais energia do que outros animais, porque geralmente são bastante grandes. Baleias e dinossauros — ambos vertebrados — são os maiores animais que já existiram, mas não estão sozinhos. Pense em peixes como o tubarão-baleia e o tubarão-frade; répteis como a sucuri e as jiboias e o dragão-de-komodo; mamíferos como os elefantes e os rinocerontes. Poucos invertebrados podem igualá-los em tamanho. Nós, humanos, também somos notavelmente grandes para um animal.[13] É verdade que alguns vertebrados podem ser muito pequenos, pesando apenas alguns gramas: mas *todos* os vertebrados são visíveis a olho nu. Muitos invertebrados, por outro lado, são difíceis de enxergar sem lupa ou microscópio.[14]

Os insetos, os invertebrados mais numerosos, são sustentados por um exoesqueleto feito de uma proteína flexível chamada quitina. Quando o inseto cresce, ele se desfaz do esqueleto externo e, antes de se mover, espera que o novo, ainda bastante mole, endureça. Essa é uma das razões pelas quais os insetos são pequenos. Acima de certo tamanho, um inseto sem exoesqueleto seria esmagado pelo próprio peso sem sustentação. Os parentes próximos, os crustáceos, também fazem a muda, mas vivem principalmente na água, que suporta seu peso. Ou seja, os crustáceos podem ficar um pouco maiores que os insetos. Pense, por exemplo, em caranguejos ou lagostas, que podem crescer muito mais que qualquer inseto. Ainda assim, a maior lagosta é uma tampinha perto de muitos vertebrados.

Os vertebrados mais primitivos de hoje são as lampreias (fig. 8) e os peixes-bruxa. Eles não têm armadura externa e provavelmente são assim desde que surgiram. Como os *Metaspriggina* e outros peixes extremamente primitivos, também não têm mandíbulas nem barbatanas emparelhadas. Já outros vertebrados desenvolveram uma espessa armadura. Os peixes com carapaça apareceram mais tarde no Cambriano. Embora ainda não tivessem mandíbulas e fossem sustentados internamente por uma notocorda, a maioria dos primeiros peixes trajava essa proteção.[15] Geralmente, ela consistia em um conjunto de placas sólidas ao redor da cabeça e da faringe, porém soltas e mais escamosas na extremidade posterior, para permitir que a cauda se movesse. A armadura não era feita de calcita ou carbonato de cálcio, mas de hidroxiapatita, um tipo de fosfato de cálcio. A armadura de fosfato de cálcio é exclusiva dos vertebrados no reino animal.*

* Quer dizer, quase exclusiva. Alguns animais semelhantes a moluscos, chamados braquiópodes, têm conchas de fosfato de cálcio. E ainda hoje os vertebrados têm alguns tecidos que são endurecidos com carbonato de cálcio — são os "otólitos" ou "cristais do ouvido", encontrados no ouvido dos peixes e no ouvido interno dos humanos, onde colaboram com o sentido de equilíbrio.

Geralmente, a proteção dos primeiros peixes era como um bolo espesso de três camadas com diferentes formas de hidroxiapatita. Na base havia uma camada esponjosa. No meio, uma variedade um pouco mais densa. E, no alto, uma fina camada muito dura e muito densa desse mineral. Hoje, essas três formas são conhecidas respectivamente como "osso", "dentina" e, por último, "esmalte" — a substância mais dura produzida por qualquer organismo vivo. Osso, dentina e esmalte ocorrem, seguindo essas mesmas camadas, em nossos dentes. Quando os tecidos rígidos surgiram nos vertebrados havia, em essência, dentes por todo o corpo. Ainda hoje, as escamas dos tubarões assumem a forma de dentes minúsculos, e é por isso que a pele de tubarão é abrasiva e já foi usada como lixa.

Os vertebrados desenvolveram armaduras pela mesma razão que outras criaturas cambrianas se vestiam com tecidos duros — para se defender.[16] A origem dos peixes blindados coincidiu com o aparecimento de dois superpredadores: os nautiloides e os gigantescos escorpiões oceânicos chamados euripterídeos.[17] Talvez o euripterídeo mais aterrorizante tenha sido o *Jaekelopterus*, que viveu no Devoniano. Um pesadelo de olhos esbugalhados e pinças enormes, que chegava a cerca de 2,5 metros e provavelmente se alimentava de peixes.[18]

O primeiro grupo de peixes a usar armaduras foi o dos *Pteraspis*. Embora seus escudos da cabeça às vezes se estendessem em ambos os lados para atuar como planadores aquáticos, eles não tinham nadadeiras flexíveis e pareadas. Com uma grossa blindagem do lado de fora, muito pouco se sabe sobre como os *Pteraspis* eram por dentro, uma vez que suas caixas cranianas eram feitas de cartilagem, que se decompõe facilmente, e eles se sustentavam internamente por uma notocorda de cartilagem esponjosa, mas elástica. Em alguns peixes com armadura a cartilagem mole dentro da cabeça foi mineralizada, o que permitiu que as formas do cérebro e os vasos sanguíneos e nervos associados fossem preservados em grande detalhe. Esses fósseis mostram que tais animais sem mandíbula se formaram segundo o modelo das lampreias — eram lampreias com carapaça.

Peixes com armadura e sem mandíbula lotavam os mares desde o final do Cambriano até o final do Devoniano, e variavam muito em suas formas extraordinárias. Alguns eram encaixotados em armaduras de placas e passavam a maior parte do tempo navegando pelo fundo do mar ou vasculhando a lama em busca de detritos. Em outros, como os elegantes telodontes,[19] a armadura era como um couro de pele de tubarão, feito de uma cota de malha mais flexível, que possibilitava movimentos mais rápidos em mar aberto.

Os primeiros peixes, como os *Metaspriggina*, tinham olhos emparelhados saltados para a frente, como faróis de motocicleta. Não havia espaço para um nariz ou narinas. O olfato ficava a cargo das células da faringe, um resquício herdado dos antigos vertebrados filtradores. Já nos *Pteraspis* os olhos se deslocaram para os lados para dar lugar a uma única narina no alto da cabeça. O cérebro se dividiu em hemisférios esquerdo e direito, alargando a face.[20]

A narina única dos *Pteraspis* (como nas lampreias) levava a um único órgão dos sentidos — o saco nasal — que ficava em contato com a base do cérebro. Enquanto isso, outros peixes sem mandíbula estavam evoluindo em uma direção diferente. Fósseis do cérebro do *Shuyu*,[21] por exemplo, mostram que ele tinha dois sacos nasais com abertura na cavidade bucal, em vez de uma única narina com abertura independente no alto da cabeça. Essa disposição, que alargava ainda mais a face, é característica dos vertebrados com mandíbulas, mas não das lampreias nem dos *Pteraspis*. Outros peixes sem mandíbula ostentavam barbatanas peitorais emparelhadas (o par logo atrás da cabeça), algo que nem lampreias nem *Pteraspis* podiam se vangloriar de ter — uma característica típica de vertebrados com maxilar. Logo, o palco estava montado para a evolução das mandíbulas.

Quando os peixes com armaduras ósseas evoluíram e cruzaram esse rubicão, tornaram-se um tipo inteiramente novo de animal.[22] Hoje, as espécies com mandíbulas compreendem mais de 99% dos vertebrados. Dos vertebrados que não as possuem, sobraram apenas as lampreias e os peixes-bruxa.

As mandíbulas surgiram quando o primeiro arco branquial — a divisão cartilaginosa entre a boca e a primeira fenda branquial — foi dividido ao meio e tornou-se articulado, dando origem aos maxilares superior e inferior. A primeira fenda branquial foi comprimida até resultar em um pequeno orifício, o espiráculo, logo atrás e acima do maxilar superior.

Os placodermes foram os primeiros vertebrados com mandíbulas. Dotados de escudos de osso maciço na cabeça, à primeira vista pareciam muito com outros peixes de armadura. Afora os maxilares, uma inspeção mais detalhada revela outras especializações encontradas apenas em vertebrados com mandíbula, como um segundo conjunto de barbatanas emparelhadas, além das peitorais. Eram as barbatanas pélvicas, situadas mais ou menos uma de cada lado do ânus.[23] Esses animais originaram-se nas profundezas do período Siluriano e prosperaram até o final do Devoniano.

Os placodermes mais primitivos, os antiarcos, tinham uma armadura tão reforçada quanto qualquer *Pteraspis*. Em contraste, os mais sofisticados deles, chamados de *Arthrodira*, geralmente (mas nem sempre) carregavam armaduras mais leves, e um deles — o *Dunkleosteus*, que chegava a seis metros de comprimento e tinha mandíbulas amplas e afiadas — tornou-se o principal predador dos mares do Devoniano.

Note que me refiro às mandíbulas de *Dunkleosteus*, não aos dentes, porque os placodermes não tinham dentes reconhecíveis.[24] As superfícies cortantes nos formidáveis maxilares dessas criaturas eram as bordas afiadas dos próprios ossos.

Embora esteja entre os mais antigos que conhecemos, vivendo nas profundezas do Siluriano há 419 milhões de anos, um dos placodermes mais avançados foi o *Entelognathus*.[25] Ele tinha a armadura reforçada na cabeça e no tronco típica de um *Arthrodira*, mas, com cerca de vinte centímetros de comprimento, era muito menor que seu monstruoso primo *Dunkleosteus*.

Outra diferença em relação a *Dunkleosteus* — e a todos os outros placodermes — é que suas mandíbulas eram formadas por ossos comparáveis aos de um peixe ósseo moderno: havia uma diferença entre o maxilar superior e o maxilar inferior. Essa criatura foi o primeiro vertebrado com a capacidade física de abrir um sorriso que reconheceríamos como tal.

Embora os placodermes tenham desaparecido no fim do Devoniano, três outros grupos de vertebrados com mandíbula surgiram a partir de seus ancestrais. Foram os peixes cartilaginosos (tubarões, raias [fig. 9] e seus parentes); os peixes ósseos (que incluem a maioria dos peixes modernos, de esturjões e peixes pulmonados a sardinhas e cavalos-marinhos (fig. 10); e todos os vertebrados terrestres, inclusive nós); e outro grupo totalmente extinto, o dos acantódios, ou tubarões espinhosos.

Os acantódios sobreviveram até o Permiano. Na maioria dos peixes cartilaginosos e ósseos, a notocorda — a haste firme e flexível que sustentava o corpo — foi substituída, durante o desenvolvimento, por uma estrutura segmentada, a coluna vertebral. Em peixes cartilaginosos, a coluna é, obviamente, cartilaginosa, embora às vezes seja parcialmente mineralizada. Nos peixes ósseos, a cartilagem geralmente é substituída por ossos. Não se sabe se os placodermes e os acantódios tinham coluna vertebral em vez de notocorda, mas, se tivessem, ela seria cartilaginosa.[26]

Os acantódios tinham mais escamas do que armadura, e distinguiam-se pelo espinho proeminente na ponta de cada barbatana. Sua anatomia interna era toda cartilaginosa e muito semelhante à dos tubarões.[27] Os acantódios foram uma ramificação precoce dos peixes cartilaginosos — grupo que sobrevive e prospera até hoje.

Vivendo ao lado do *Entelognathus* nos mares silurianos havia um peixe chamado *Guiyu oneiros*. Ele foi o primeiro membro conhecido dos peixes ósseos, o grupo que inclui a grande maioria dos vertebrados atuais.[28] Havia peixes ósseos antes do *Guiyu*, mas seus fósseis são bastante fragmentários e questionáveis. E o *Guiyu* não é especial por estar bem preservado nem por ser um peixe ósseo. É especial porque estava entre os primeiros de um grupo conhecido como peixes ósseos com nadadeiras lobadas, um ramo peculiar dos peixes ósseos que deu origem aos vertebrados terrestres — e a nós.

Terra adentro

A essa altura, os oceanos fervilhavam de criaturas, desde a exuberante explosão de vida no início do Cambriano até os mares pululando de peixes do Devoniano. Mas poucos organismos ousaram aventurar-se acima da superfície das águas, em terra firme. Com razão.

Para começar, por muito tempo houve muito pouca terra. Os continentes se expandiram lentamente. Quando as placas tectônicas colidiram, surgiram arcos de ilhas vulcânicas. Plumas mantélicas das profundezas da Terra perfuraram a crosta, ampliando-a. Essas ilhas se juntaram e, empurradas pelo planeta inquieto que jazia abaixo, tornaram-se os primeiros continentes.

Além disso, a vida na terra é difícil. A água é um berço mais protegido. Sem a capacidade de boiar, as criaturas sentem cada grama de seu próprio peso puxando-as para baixo. Sob o sol escaldante, seus tecidos podem secar rapidamente. Sem uma camada constante de água, as brânquias não funcionam e o animal não consegue respirar. Eventuais aventureiros, apesar da coragem, foram esmagados, dessecados e asfixiados. Os pioneiros terrestres encontraram um ambiente quase tão hostil quanto o espaço vazio.

Sem nenhuma superfície além de rocha vulcânica estéril, era uma realidade impiedosa. Não havia árvores para fazer sombra, porque as árvores ainda não existiam. Não havia solo além da poeira varrida pelo vento, porque é a ação dos seres vivos — raízes, fungos, vermes escavadores — que cria e enriquece os solos em que as plantas conseguem crescer. Acima da linha d'água a Terra era um deserto tão seco e sem vida quanto a Lua que ainda se agigantava no horizonte.

Mas a vida, como percebemos, tende a enfrentar os desafios. Um ambiente totalmente novo, livre da competição do oceano agitado, oferecia oportunidades inexploradas de diversidade e crescimento para a criatura que conseguisse domá-lo. O primeiro passo foi a colonização de lagoas e riachos do interior por algas, o que aconteceu há pelo menos 1,2 bilhão de anos.[1] É possível que crostas de bactérias, algas e fungos já se escondessem em recantos ao longo da costa árida. Talvez alguns daqueles animais ediacaranos frondosos tenham passado algum tempo acima da linha d'água, presos entre as marés.[2] No Cambriano, uma criatura desconhecida deslizou para as praias baixas e arenosas do continente de Laurentia,* deixando rastros que bizarramente se parecem com marcas de pneu de moto.[3] Mas foram momentos de bravura desafiadora, como se o motociclista tivesse dado algumas empinadas antes de buscar refúgio mais uma vez sob as ondas. A vida se aventurou no seco, mas não para ficar.

A invasão da terra começou pra valer em meados do período Ordoviciano, há cerca de 470 milhões de anos —[4] quase ao mesmo tempo em que um surto de inovações evolutivas nos ocea-

* No que é hoje o leste da América do Norte.

nos substituiu muitas das estranhas criaturas cambrianas por outras de feições mais modernas.[5] Plantas pequenas e rastejantes, como hepáticas e musgos, protagonizaram em terra milhões de minúsculas invasões. Mas foram seus esporos, duros e resistentes à dessecação, que lhes permitiram ser mais que visitantes ocasionais. Logo depois, as primeiras árvores alcançaram o céu. As primeiras foram as nematófitas. Uma delas, a *Prototaxites*, tinha um tronco com mais de um metro de diâmetro e chegava a vários metros de altura. Estava mais para um líquen gigante — um fungo associado a uma alga — do que para uma árvore ou mesmo uma samambaia.

Por baixo de tudo, a Terra continuava a se mover. Um episódio de erupções vulcânicas expeliu rochas que reagiram com o dióxido de carbono, eliminando-o da atmosfera. Sem o gás carbônico para alimentar o efeito estufa, a Terra esfriou. Ao mesmo tempo, Gondwana, o continente gigante austral, cobriu o polo Sul. Geleiras se formaram mais uma vez, puxando a água, o que reduziu o nível do mar. Isso fez com que o espaço nas plataformas continentais onde a maioria dos animais vivia encolhesse. Essa era do gelo durou cerca de 20 milhões de anos, de 460 milhões a 440 milhões de anos atrás. Não foi tão cataclísmica quanto a que aconteceu no Ediacarano, muito menos quanto a que alimentou o Grande Evento de Oxidação — mas extinguiu largo número de espécies de animais marinhos.

A vida, como sempre, reagiu ao ambiente em mutação. Após a glaciação, surgiram plantas resilientes, semelhantes a samambaias, com esporos ainda mais resistentes à dessecação do que os das hepáticas. Estas, superadas, se resignaram aos lugares úmidos e sombrios onde vivem ainda hoje. A terra, antes nua, revestiu-se de um verde brilhante.

No final do Siluriano, há cerca de 410 milhões de anos, havia florestas de nematófitas, musgos e samambaias. As raízes das plantas trituraram as rochas abaixo delas, formando o solo. Nele, surgiram fungos, e alguns deles ligaram-se às plantas para compor associações benéficas — as micorrizas. Os fungos se espalharam no solo, extraindo minerais importantes para o crescimento das plantas. Em troca, estas lhes davam alimento produzido pela fotossíntese. As plantas com extensões micorrízicas em suas raízes se saíram muito melhor do que as outras. Hoje, praticamente todas as plantas crescem graças às micorrizas alojadas em torno de suas raízes.[6]

Expostas ao vento e às intempéries, as plantas soltavam escamas, esporos e outros pedaços. Nos espaços úmidos formados pela matéria depositada na floresta, animaizinhos começaram a rastejar.

Os primeiros animais terrestres foram pequenos artrópodes — as centopeias; alguns parecidos com aranhas, como os opiliões; e pulgas de jardim, primas próximas dos insetos que logo surgiriam e se tornariam os animais terrestres de maior sucesso que já existiram, em termos de número tanto de indivíduos quanto de espécies.

Ao longo do Devoniano, as florestas cresceram e se espalharam. Elas não eram parecidas com as florestas de hoje.[7] Suas primeiras árvores, as *Cladoxylopsida*, pareciam juncos gigantes de caule oco e sem galhos, com cerca de dez metros de altura, que se projetavam em direção ao céu e terminavam em estruturas parecidas com pincéis ou com enxota-moscas de crina de cavalo.[8] A elas se juntaram depois plantas semelhantes a musgos e a *Equisetum*, conhecida como cavalinha, encontrada em locais úmidos até hoje. As versões modernas são muito pequenas, mas as parentes ancestrais eram gigantescas. O *Lepidodendron*, um musgo do grupo dos licopódios, chegava a cinquenta metros de altura; as cavalinhas, a vinte. A maioria dessas árvores era oca. Elas não tinham cerne e eram sustentadas pela grossa casca externa. Algumas delas, como a *Archaeopteris*, pareciam mais as árvores modernas e tinham cerne — mas, em vez de se reproduzirem por sementes, soltavam esporos como as samambaias.

Essa riqueza de plantas pode parecer, a princípio, uma ótima fonte de alimento. Mas, por milhões de anos, as plantas ficaram de fora do cardápio dos animais. Seu tecido lenhoso é duro e indigesto, e elas também produziam substâncias químicas como fenóis e resinas que os animais não toleravam. A matéria vegetal só pôde ser ingerida quando decomposta por bactérias e fungos. Portanto, por muito tempo as plantas não foram comida e sim o cenário de dramas em miniatura, onde pequenos carnívoros caçavam minúsculos detritívoros sob a serrapilheira. A herbivoria era uma habilidade a ser desenvolvida. Primeiro, por insetos que passaram a se alimentar das partes sensíveis das plantas — as estruturas reprodutivas, como os cones. E, depois, por uma novidade que veio do mar: os tetrápodes.

Os animais, como toda a vida, surgiram no mar. A maioria de seus descendentes ainda está lá, e os vertebrados não são exceção. A maior parte dos vertebrados, ainda hoje, são peixes. Vistos dessa maneira, os tetrápodes — os vertebrados que fizeram o deslocamento para a terra — podem ser considerados um grupo de peixes bastante estranho que se adaptou à vida acima da linha d'água.

Sua origem remonta ao Ordoviciano — a mesma época dos primeiros peixes mandibulados —, quando houve um grande aumento de biodiversidade.[9] No Siluriano, já haviam surgido muitos peixes com mandíbula, como o *Guiyu*, que apareceu no capítulo anterior. Nesses peixes primitivos são combinadas características vistas hoje em dois grupos bastante distintos. O primeiro, dos peixes ósseos com nadadeiras raiadas, inclui praticamente todos os peixes vivos atuais, de garoupas a gouramis, de trutas a pregados. Nesses peixes, as barbatanas emparelhadas são ancoradas diretamente nos ossos da parede do corpo. Nem sempre eles foram tão dominantes. Em tempos antigos, os reis do pedaço eram seus primos, os peixes ósseos com nadadeiras lobadas. Como o nome sugere, as barbatanas emparelhadas desses peixes eram mantidas afastadas do corpo por extensões carnudas robustas, sustentadas por ossos extras.

Os peixes de nadadeiras lobadas já foram um grupo variado, que incluía os *Onychodus*, criaturas com crânio de ossos soltos e dentes peculiares, semelhantes a presas; e os Rhizodontida, predadores gigantescos. O maior deles, o *Rhizodus hibberti*, chegava a sete metros de comprimento. Entre eles havia grande variedade de seres, muitos deles cobertos de escamas grossas revestidas por um tipo de esmalte.

Talvez os peixes de nadadeiras lobadas mais conservadores fossem (e ainda sejam) os celacantos. Eles apareceram no Devoniano[10] e não mudaram muito até que sumiram durante a era dos dinossauros — ou assim pareceu por muito tempo. Em 1938, um espécime, que morreu há pouco tempo, foi descoberto na costa da África do Sul: um representante de uma população que ainda vive perto das ilhas Comores, no oceano Índico.[11] Mais recentemente, outra população foi encontrada na Indonésia.[12] Embora conhecidos pelos pescadores locais, talvez tenham escapado à atenção científica devido a seu habitat, em águas profundas próximas a falésias verticais submarinas.

Em contraste, alguns peixes pulmonados evoluíram tanto que mal podem ser reconhecidos. O peixe pulmonado australiano *Neoceratodus* é um peixe de água doce com armadura de escamas e muito parecido com os antigos parentes de nadadeiras lobadas, mas seus primos, *Lepidosiren*, da América do Sul, e *Protopterus*, da África, mudaram tanto que no passado foram confundidos com tetrápodes.[13]

A dica está no nome.

Embora todos os peixes tenham começado com pulmões — originalmente uma bolsa que crescia no céu da boca —, na maioria deles essa bolsa se tornou uma bexiga de gás usada para regular a flutuabilidade. No celacanto, que é exclusivamente marinho, ela é preenchida de gordura. Os peixes pulmonados, por sua vez, vivem em rios e lagoas que podem secar, deixando-os literalmente fora d'água. Como consequência, fazem muito mais uso dos pulmões para respirar o ar diretamente. De fato, o *Lepidosiren* precisa respirar ar para sobreviver. Isso não significa que os peixes pulmonados sejam parentes próximos dos tetrápodes. Suas adaptações à terra foram feitas de forma independente, e, no *Lepidosiren* e no *Protopterus*, os membros murcharam até se transformar em estruturas finas semelhantes a chicotes, em vez de se tornarem robustos o suficiente para suportar o peso do animal em terra. Os primeiros peixes pulmonados, do Devoniano, eram muito parecidos com outros peixes de nadadeira lobada de sua época.

Assim também eram os peixes cujos primos acabaram se transferindo para a terra. Criaturas como o *Eusthenopteron* e o *Osteolepis* eram peixes como os outros, mas seus primos próximos já estavam evoluindo para um estado no qual a vida acima da água se tornaria uma indulgência ocasional e, depois, um hábito regular.

Muitos desses peixes viviam em cursos d'água rasos e abarrotados de vegetação rasteira, onde caçavam seus parentes menores. Alguns cresceram e passaram a usar suas barbatanas flexíveis com suporte de ossos para chegar aos melhores lugares onde emboscar transeuntes desavisados. Muitos dos Rhizodontida eram assim. Já os Elpistostegalia foram bem mais longe.

Os peixes Elpistostegalia foram predadores de águas rasas por excelência. Ao contrário da maioria dos peixes, que tendem a ser finos de lado a lado, eles eram achatados de cima para baixo, como crocodilos — a forma ideal para espreitar nesse habitat. Para completar, alguns tinham olhos no alto da cabeça, e não nas laterais. Suas barbatanas não pareadas — dorsal, anal e assim por diante — eram reduzidas ou ausentes, e as emparelhadas se desenvolveram no que, para efeitos práticos, eram pequenos braços e pernas com extremidades semelhantes a barbatanas. O *Tiktaalik*,[14] do final do Devoniano, é um exemplo típico; o *Elpistostege*,[15] outro. Esses animais mediam cerca de um metro de comprimento, com mais ou menos o tamanho e a forma de jacarezinhos. Tinham cabeças largas e achatadas com os olhos no alto e no meio, um corpo sinuoso e membros anteriores robustos semelhantes a pernas. Os ossos dos membros correspondiam muito proximamente aos dos vertebrados terrestres. Esses peixes tinham pulmões e provavelmente não usavam muito suas brânquias internas. A parte do teto do crânio que normalmente se estenderia sobre a região das guelras era bem curta e formava um "pescoço" distinto, ótimo para um predador de emboscada que precisava virar a cabeça velozmente para agarrar presas ligeiras. Os Elpistostegalia eram tetrápodes em quase todos os aspectos, exceto pelas barbatanas que adornavam suas pernas no lugar dos dedos.

Tiktaalik, *Elpistostege* e seus primos viveram há cerca de 370 milhões de anos, perto do final do Devoniano. Sua história, porém, é muito mais antiga. Um deles trocou os raios das barbatanas por dedos pelo menos 25 milhões de anos antes. Cerca de 395 milhões de anos atrás, um deles deixou suas pegadas em uma praia no que é hoje a região central da Polônia.[16] Ninguém sabe que tipo de tetrápode foi responsável por essas marcas, mas só pode ter sido um tetrápode.

Além da data antiga, o que chama a atenção é que as pegadas não foram feitas em água doce, mas em uma planície de maré, perto do mar. Os primeiros tetrápodes, como Vênus,* emergiram diretamente do oceano. Eles eram adaptados à água salgada, ou talvez à água salobra dos estuários.[17]

Por baixo de tudo, a Terra continuava se movendo. Desde o desmembramento do supercontinente Rodínia, suas partes estavam dispersas, apartadas. Lentamente, a maré de meio bilhão de anos de deriva continental começou a mudar. A extinção do Ordoviciano, quando o grande continente meridional de Gondwana se deslocou sobre o polo Sul, foi o prenúncio do que estava por vir.

No final do Devoniano, Gondwana e duas grandes massas de terra do Norte, a Euramérica e a Laurússia, começaram a se aproximar. A colisão produziria enormes cadeias de montanhas e uma única e vasta massa de terra — a Pangeia. A coales-

* Ou, pelo menos, como Ursula Andress em *007 contra o satânico Dr. No* (1962).

cência dos continentes, mais uma vez, fez com que as criaturas que viviam na superfície sentissem seus efeitos: da mesma forma que as roupas de cama, quando sacudidas, deslocam brinquedos e migalhas, livros e objetos postos descuidadamente sobre elas, a ação do clima nas novas montanhas brutas sugou o dióxido de carbono do ar, reduzindo o efeito estufa e provocando o retorno das geleiras sobre o polo Sul de Gondwana. Em outros lugares, o vulcanismo cobrou seu preço. Mais uma vez, a extinção se aproximava.

A maioria das extinções aconteceu no mar. Os corais foram severamente atingidos. Esponjas formadoras de recifes, chamadas estromatoporoides, comuns no Devoniano, desapareceram.[18] Os estromatólitos ressurgiram nos recifes. O tumulto significou a ruína para os últimos peixes com armadura e sem mandíbula, para os placodermes e para a maioria dos peixes com nadadeiras lobadas. Mas outros grupos sobreviveram. As épocas finais do Devoniano foram marcadas por uma diversidade de tetrápodes.

No início, os tetrápodes não saíam da água. Apesar de disporem de membros com dedos, ocupavam nichos aquáticos de predadores de emboscada semelhantes aos dos Rhizodontida e dos Elpistostegalia, substituindo-os. Quaisquer que fossem os membros com dedos ali, eles não evoluíram especificamente para a vida em terra.

Entre os tetrápodes mais primitivos estavam o *Elginerpeton*,[19] da Escócia, e o *Ventastega*,[20] da Letônia. Havia o *Tulerpeton*[21] e o *Parmastega*,[22] da Rússia, e o *Ichthyostega*, dos pântanos tropicais no que é hoje o leste da Groenlândia. O *Parmastega* se parecia muito com o *Tiktaalik*, ou com um jacaré moderno, navegando na água com apenas os olhos visíveis acima da superfície.

O *Ichthyostega* era relativamente grande, com cerca de um metro e meio de comprimento, e corpulento, com uma coluna vertebral de formato curioso — se ele andasse na terra, o faria como uma foca, em vez de usar suas pernas grossas e atarracadas.[23] O *Acanthostega*, também da Groenlândia, alcançava a metade do comprimento do *Ichthyostega* e era muito mais esbelto. Embora tivesse membros, eles se projetavam lateralmente e apresentavam uma forma totalmente inadequada para andar em qualquer lugar. Ele tinha brânquias internas — assim como um peixe —, de modo que ficou totalmente confinado à água.[24] Em contraste, seu contemporâneo, o *Hynerpeton*, da Pensilvânia, nos Estados Unidos, era muito musculoso e bastante capacitado para viver em terra.[25] Ao final do Devoniano, os tetrápodes se tornaram um grupo muito diversificado de peixes estranhos com barbatanas lobadas e com pernas — mas predominantemente aquático.

Pode-se ficar com a impressão de que os primeiros tetrápodes não tinham pernas de verdade, ou, pelo menos, de que não tinham mãos e pés. No *Tulerpeton* havia seis dedos por membro; no *Ichthyostega*, sete; no *Acanthostega*, nada menos que oito.[26] Desde então, muitos tetrápodes perderam dedos e até membros inteiros pelo processo evolutivo, mas nenhum tetrápode atual desenvolvido normalmente tem mais que cinco dedos por membro. O membro com cinco dedos (um estado conhecido como pentadactilia) parece tão arraigado que chega a ser tomado por um arquétipo na mente de Deus — uma criatura de seis dedos soa como uma ofensa à ordem natural.

A primeira onda de diversidade de tetrápodes durou até o final do Devoniano, mas foi gradualmente substituída, nos períodos subsequentes do Carbonífero, por uma fauna mais "moderna" de criaturas menores e mais esbeltas.[27] Elas se pareciam mais com salamandras que com peixes e tinham definido quantos dedos deveriam exibir na extremidade de cada membro.

Cerca de 335 milhões de anos atrás, quando a Pangeia estava assumindo seus contornos finais, as florestas escuras e úmidas do que é hoje West Lothian, na Escócia, eram vigorosas, com seres rastejantes e coaxos dos primeiros tetrápodes, em um ambiente vulcânico, talvez associado a fontes termais. Um dos tetrápodes dessa rica fenda foi chamado de *Eucritta melanolimnetes* — o Monstro da Lagoa Negra.[28]

Apesar das pernas suficientemente fortes para suportar o peso em terra, havia um aspecto da vida dos primeiros tetrápodes que os prendia à água: a reprodução. Como os anfíbios modernos, esses primeiros tetrápodes precisavam voltar para o ambiente aquático para se multiplicar. Seus filhotes devem ter sido como girinos — criaturas semelhantes a peixes, com barbatanas e brânquias para respirar.

Acontece que estava prestes a surgir um grupo de animais que revolucionaria a reprodução e possibilitaria a conquista final do ambiente terrestre. Vivendo nas florestas carboníferas, em meio ao coaxar de outros vertebrados terrestres primitivos, à correria dos escorpiões do tamanho de cães grandes e à presença ameaçadora de euripterídeos — escorpiões marinhos gigantes que seguiam os tetrápodes até a costa —, havia uma criatura chamada *Westlothiana*. Esse pequeno animal parecido com um lagarto[29] estava evolutivamente próximo dos ancestrais de um grupo de tetrápodes que desenvolveu ovos com cascas duras e à prova d'água. Como cada ovo era uma lagoa particular, eles podiam ser postos longe da água, cortando, finalmente, a conexão entre a vida dos vertebrados e o mar.

Esses eram os animais que, um dia, dariam origem aos répteis, às aves e aos mamíferos.

À luta, amniotas

As florestas de *Archaeopteris* e *Cladoxylopsida* foram varridas nas extinções decorrentes da formação da Pangeia. Os corais e as esponjas que construíram os grandes recifes dos oceanos do Devoniano desapareceram. Todos os peixes com armadura — os placodermes — foram extintos, junto com a maioria dos peixes com nadadeiras lobadas e quase todos os trilobitas. A espuma, o lodo e os cabelos de anjo das cianobactérias tomaram conta de tudo. Como nos tempos antigos, os estromatólitos dominaram os recifes, pelo menos por algum tempo.[1]

As extinções representaram um revés para os tetrápodes, cujas incursões corajosas em terra foram interrompidas. Os tetrápodes que sobreviveram à extinção ficaram perto da água. De preferência, dentro dela.

Porém, alguns se reagruparam e tentaram reconquistar a terra firme sob o céu inclemente. Era uma estirpe muito diferente dos primeiros tetrápodes, que, de modo muito geral, não passavam de peixes com pernas.

No início do Carbonífero, uma criatura de um metro de comprimento chamada *Pederpes*, à primeira vista parecida com uma salamandra, rastejou até a praia.[2] Ao contrário da extravagância de polidactilia dos primeiros tetrápodes, como o *Acanthostega* e o *Ichthyostega*, o *Pederpes* estabeleceu o padrão que permaneceria até hoje, de não mais que cinco dedos por membro — embora seus vestígios fósseis indiquem um sexto dedo vestigial, lembrança de tempos passados.

O *Pederpes* é considerado um gigante para seu tempo. Compartilhava o mundo com muitos tetrápodes bem menores[3] que rondavam as margens da água em busca de artrópodes diminutos, como milípedes, ou travavam minibatalhas mortais com escorpiões — e combates em escala um pouco maior com os euripterídeos que também saíram da água, seguindo os passos de suas antigas presas.[4] Esses tetrápodes do início do Carbonífero, embora bem mais adaptados à vida terrestre que seus parentes devonianos, não se afastaram muito da água. Eles viviam em várzeas inundadas frequentemente. A jornada para a terra deu alguns passos, mas ainda era hesitante, um tanto provisória.

Alguns desses tetrápodes, inclusive, permaneceram aquáticos. Mas poucos perderam os membros recentemente adquiridos. O *Crassigyrinus* — um predador de um metro de comprimento parecido com uma moreia, com membros minúsculos e a mandíbula enorme cheia de dentes — era uma ameaça aquática que espreitava os primeiros rios e lagoas do Carbonífero. Alguns poucos foram mais longe. Pequenos anfíbios em forma de serpente, chamados aistópodes, perderam completamente os membros.[5] Essas criaturas eram reminiscências de um tempo desaparecido: tetrápodes que nunca saíram da água. O comprometimento dos tetrápodes com a terra foi, por muitos milhões de anos, ambíguo.

As plantas terrestres que sombreavam os tetrápodes na esteira das extinções do fim do Devoniano eram, como os próprios animais, pequenas e rasteiras em comparação com suas ancestrais. Levou tempo para que se recuperassem, mas enfim elas se tornaram as mais poderosas florestas tropicais que já tinham existido. Eram dominadas por cavalinhas de vinte metros de altura, como a *Calamites*, e por licopódios, como o *Lepidodendron*, que se projetavam cinquenta metros em direção a um céu que não era azul, mas marrom, e cheirava a queimado.

A maioria das árvores hoje cresce devagar e vive por décadas ou até séculos. Seus corpos são suportados por um cerne de madeira. Mais perto da casca, colunas de vasos transportam água para cima até as folhas, para abastecer a fotossíntese, e açúcares recém-fabricados para baixo, a fim de alimentar as raízes e o restante da planta. Cada árvore se reproduzirá muitas vezes em sua longa vida. Na floresta tropical, as folhas no dossel sombreiam grande parte do solo e formam um ecossistema totalmente separado, bem acima do solo escuro da floresta, de plantas e animais que raramente, ou nunca, tocam o chão.

Mas as florestas de licopódios do Carbonífero não eram assim. Os licopódios, como seus antepassados devonianos, eram ocos, sustentados por uma casca grossa em vez de um cerne e cobertos de escamas verdes semelhantes a folhas. Na verdade, toda a planta — o tronco e a coroa de galhos inclinados para baixo — era escamosa. Sem colunas de veios para transporte de água e alimentos, cada uma das escamas era fotossintética, nutrindo os tecidos vizinhos.

Mais estranho ainda, essas árvores passavam a maior parte de suas vidas como tocos imperceptíveis no chão. Só quando estavam prontas para se reproduzir é que elas cresciam, espichando postes para cima como fogos de artifício em câmera lenta,* para explodir em uma coroa de galhos que lançavam esporos ao vento.

* Realmente lenta — cada explosão durando vários anos.

Depois que esses esporos eram dispensados, a árvore morria.

Ao longo de muitos anos de ventos e intempéries, fungos e bactérias se incrustavam na casca até que ela desmoronasse no chão encharcado da floresta. Uma floresta de licopódios lembraria a paisagem desolada da Frente Ocidental da Primeira Guerra Mundial: crateras de tocos ocos, cheios de refugos de água e morte; as árvores, como postes, despidas de todas as folhas ou galhos, erguendo-se de um atoleiro em decomposição. Quase não havia sombra e nenhum sub-bosque, a não ser o acúmulo de restos que se formava ao redor dos destroços dos troncos.

A vida perdulária dos licopódios teve imensas consequências para o planeta. Seu crescimento rápido e repetido consumiu uma quantidade inacreditável de carbono, absorvido do gás carbônico da atmosfera. Esse consumo extravagante — junto ao intenso intemperismo das montanhas recém-criadas — contribuiu para a diminuição do efeito estufa e a retomada do crescimento das geleiras ao redor do polo Sul.

Em segundo lugar, a maioria das criaturas que hoje são responsáveis por decompor árvores mortas — cupins, besouros (fig. 11), formigas e assim por diante — ainda não existia. Havia poucos animais capazes de comer matéria vegetal. Entre eles estavam os Palaeodictyoptera, um dos primeiros grupos de insetos a desenvolver asas e voar. Alguns desses animais eram do tamanho de corvos e tinham três pares de asas e não dois, como os insetos voadores modernos.[6] Na frente dos pares usuais havia um par de pequenas abas vestigiais, remanescentes de uma era anterior de insetos com muitas asas que se perdeu. Eles também tinham peças bucais proeminentes e sugadoras, como os insetos. Voando bem acima do chão, pousavam no alto dos licopódios para comer seus órgãos tenros produtores de esporos.[7]

Em terceiro lugar, toda aquela fotossíntese produziu enormes quantidades de oxigênio livre. Era tanto oxigênio na atmosfera que os relâmpagos incendiavam as árvores como tochas, mesmo na floresta pantanosa encharcada. Isso produzia montanhas de carvão e deixava o céu permanentemente marrom e esfumaçado.

O carvão das queimadas, o enterramento rápido e a taxa mínima de apodrecimento fizeram com que muitos troncos de licopódio fossem rapidamente sepultados inteiros no chão da floresta para, 300 milhões de anos depois, emergir como carvão mineral. Esse é o carvão que dá nome a todo esse período — o Carbonífero —, embora as florestas de carvão tenham persistido até o Permiano. Cerca de 90% de todas as reservas de carvão mineral conhecidas foram depositadas em um estonteante intervalo de 70 milhões de anos, tempo que durou a era das florestas de licopódios.[8]

Os anfíbios prosperavam e se diversificavam nesse período. Enquanto os menores se contorciam e se enterravam nas margens, perseguindo escorpiões, aranhas e opiliões, seus primos maiores ainda eram aquáticos, nadando à procura de presas pequenas ou abocanhando efeméridas gigantes, Palaeodictyoptera, libélulas do tamanho de gaivotas e outros insetos alados que fossem parar na superfície da água.

Alguns deles estavam, como sugere o nome "anfíbio", numa posição intermediária, com predileção por hábitos mais terrestres. Os amniotas surgiram nesse grupo. A princípio, portanto, os amniotas se pareciam muito com os outros anfíbios com quem compartilhavam o mundo: todos eram criaturas bem pequenas, semelhantes a salamandras.[9] Como os anfíbios, sumiam em esconderijos na cavidade dos tocos de licopódios e saíam para atacar baratas e traças, passando longe de criaturas maiores, pesadelares, que a abundância de oxigênio fizera crescer como monstros. Os amniotas se esquivavam do ferrão de escorpiões do tamanho de lobos; escondiam-se de milípedes tão compridos e largos quanto um tapete mágico; e, presume-se, se acovardavam diante dos passos pontiagudos da marcha impiedosa dos euripterídeos, escorpiões marinhos de dois metros que haviam deixado o oceano para caçar aqueles peixes que eram sua presa e evoluíam rapidamente.

Para um anfíbio, botar ovos nesse Jardim das Delícias era imensamente arriscado. Desovar em águas abertas, como uma rã ou um sapo moderno (fig. 12), significava fornecer um lanche fácil para qualquer peixe ou outro anfíbio que passasse. Foi preciso então desenvolver maneiras de proteger os descendentes. Alguns ficavam de guarda na área de desova. Outros procuravam lagoas e poças longe do mar aberto — em tocos de árvores, por exemplo; ou talvez desovassem em massas gelatinosas na vegetação suspensa sobre a água, onde os girinos cairiam quando eclodissem. Outros, ainda, prolongaram o estágio larval, eclodindo não como girinos, mas como adultos em miniatura, prontos para fugir de qualquer ameaça. Alguns foram às últimas consequências e retiveram os óvulos dentro da mãe, tornando-se capazes de nutri-los no tecido materno e dar à luz filhotes grandes e vivos.[10]

Os amniotas foram mais longe. Sua adaptação não tinha a ver com o local onde punham ovos, mas com os próprios ovos. O pontinho preto, desafortunado e desamparado que era o embrião foi cercado não apenas por um material gelatinoso, mas por uma série de membranas que o manteriam longe do perigo pelo maior tempo possível.

Uma delas é o âmnio, a membrana fetal à prova d'água que fornece ao embrião um lago exclusivo e um sistema de suporte à vida.[11] O saco vitelino o mantém nutrido. Outra membrana, alantoide, coleta e armazena os resíduos. Ao redor de tudo isso fica o córion e, ao redor *dele*, a casca.

A casca dos primeiros amniotas era macia e coriácea, mais parecida com a casca do ovo da cobra ou do crocodilo que com a do ovo duro e cristalino das aves.[12] É importante ressaltar que os ovos dos amniotas não precisavam mais dos cuidados parentais sofisticados e desgastantes que os anfíbios dedicavam à sua prole. Os ovos podiam ser postos — enterrados sob folhas ou dentro de um tronco apodrecido para que se mantivessem aquecidos — e, então, abandonados.

No início, o ovo amniota era apenas uma outra maneira de os anfíbios aumentarem as chances de seus descendentes sobreviverem em vez de serem devorados antes mesmo de terem eclodido. Mas esses primeiros animais que punham ovos também desenvolveram uma maneira de se libertar completamente da água. O ovo amniota era como um traje espacial para colonizar um mundo novo e hostil totalmente distante do aquático.

Em alguns milhões de anos, os verdadeiros amniotas apareceram. Antes pequenos e semelhantes a salamandras, agora ainda eram pequenos, mas semelhantes a lagartos. Animais como o *Hylonomus* e o *Petrolacosaurus* eram parecidos e faziam mais ou menos as mesmas coisas: procurar insetos e outros animaizinhos incapazes de escapar de suas mandíbulas famintas. Esses seres eram próximos das linhagens que mais tarde produziram cobras, lagartos, crocodilos, dinossauros e aves. O destino do *Archaeothyris*, porém, estava em outra parte. Essa criatura era um pelicossauro, membro de um grupo de répteis cujos descendentes incluiriam os mamíferos — por exemplo, nós.

O surgimento do ovo amniota foi a chave para o sucesso dos vertebrados terrestres. À sua maneira, o mundo das plantas também respondeu ao desafio da aridez: com a aparição das sementes em uma série de parentes superficialmente parecidos com a samambaia que mais tarde se tornariam as coníferas. Eram as samambaias com sementes.

As hepáticas e os musgos, as primeiras plantas terrestres, são como os anfíbios, na medida em que sua reprodução depende totalmente de água. As plantas masculinas produzem espermatozoides que nadam pela camada brilhante de água que recobre suas folhas e seus caules, amantes da umidade, em busca de óvulos de plantas femininas para fertilizar. Um óvulo fertilizado dá origem a uma planta que não produz óvulos ou esperma, mas pequenas partículas chamadas esporos. Eles se espalham pelo ambiente e, aonde chegam, germinam, formando mais plantas masculinas e femininas.

E o ciclo continua, com gerações alternadas de plantas produtoras de células sexuais (gametófitas) e produtoras de esporos (esporófitas). Embora os esporos sejam, geralmente, resistentes à dessecação, esperma e ovos não são, e é por isso que os musgos e as hepáticas estão sempre conectados à água.

Em musgos e hepáticas, gametófitos e esporófitos são semelhantes. Em samambaias, as esporófitas prevalecem — é o caso de todas as samambaias que vemos nas matas e campos, cujos esporos são produzidos em longas fileiras de cápsulas sob as folhas. Em contraste, as gametófitas são pequenas, delicadas e ocultas, e não se parecem muito com as samambaias como as imaginamos. Como produzem ovos e espermatozoides que se movem por uma película de água, precisam de locais úmidos para sobreviver. O mesmo valia para o gigantesco licopódio e a cavalinha das grandes florestas de carvão.

Em algumas das samambaias, as gametófitas diminuíram tanto que ficaram praticamente do tamanho das células sexuais que produziam. Tão pequenas, de fato, que toda a geração ficava confinada aos esporos, que podiam ser masculinos ou femininos. Em algumas espécies, os esporos femininos geralmente permaneciam presos à planta em vez de serem lançados no meio ambiente. Os esporos masculinos eram levados até os femininos pelo vento. O ovo, uma vez fertilizado, tornava-se uma semente, protegida por uma casca dura e resistente, e só germinava em condições apropriadas. A aparição da semente, assim como a do ovo amniota, permitiu que as plantas também se libertassem da tirania da água.

O crescimento exuberante das florestas carboníferas não durou muito. Os tempos mudaram com o lento movimento da Pangeia para o norte. As regiões que antes ficavam sobre o polo Sul e cobriram-se de gelo durante grande parte do fim do Carbonífero e do início do Permiano, mais uma vez degelaram. Com a fusão dos continentes do norte e do sul, não havia caminho desimpedido para a água quente e equatorial circular pelo globo. Tinha muita terra no meio do caminho.

Mas havia um oceano cheio de vida. Era Tétis, um grande golfo tropical cercado de recifes, no lado leste da Pangeia, que fazia o supercontinente todo parecer uma letra C.

Esse formato da Pangeia impedia a água equatorial de circundar a Terra e isso fazia com que as margens do Tétis tivessem estações muito variáveis. Períodos longos e secos eram pontuados por chuvas de monções ferozes, semelhantes àquelas que agora inundam a Índia, mas em escala global.[13] Esse clima sazonal foi demais para as florestas tropicais de licopódios, que pediam umidade tropical o ano todo. As florestas encolheram, tornando-se manchas isoladas. A exceção foi o sul da China, na época um continente insular no extremo leste do Tétis: uma terra esquecida pelo tempo.

A paisagem foi substituída por uma mistura de samambaias arbóreas produtoras de esporos, samambaias produtoras de sementes e licopódios menores, geralmente adaptados a um clima mais sazonal em que grande parte do ano era seco e muito, muito quente. Longe da costa, os desertos se espraiavam.

O desaparecimento das florestas de carvão teve um efeito severo sobre o destino de répteis e anfíbios.[14] Os anfíbios sofreram, mas os répteis conseguiram sobreviver e se adaptar às oportunidades oferecidas pelo clima mais seco.

Embora muitos anfíbios se parecessem com crocodilos e vivessem perto da água, alguns encararam o desafio de viver no deserto e tinham aparência mais reptiliana. Um deles foi o *Diadectes*, um animal semelhante ao rinoceronte com até três metros de comprimento e, de certo modo, um pioneiro. Foi um dos primeiros tetrápodes a adotar uma dieta nova e radical — o vegetarianismo. Até então, todos os tetrápodes comiam insetos, peixes ou uns aos outros. É difícil obter carne, mas, quando deglutida, sua digestão é fácil e rápida. Como as plantas são obrigadas a ficar onde estão e lutar, elas fazem isso com tecidos resistentes e fibrosos — cada célula é blindada com uma parede de celulose indigerível.

Se a matéria vegetal não pode ser decomposta mecanicamente — e os primeiros tetrápodes não tinham dentes eficazes para moer —, ela tem de ser picada, cortada, engolida e fermentada lentamente por uma variedade de bactérias em um intestino espaçoso até virar um composto que libera nutrientes escassos de forma muito vagarosa. É por isso que os herbívoros tendem a ser grandes, lentos, e mastigam praticamente o tempo todo. O *Dia-*

dectes ganhou companhia. Entre os primeiros herbívoros reptilianos estavam o pareiassauro, maciço e verruguento, herdeiro anabolizado do pequeno *Hylonomus*, o primeiro réptil, e uma variedade de pelicossauros, entre eles o *Edaphosaurus*, criatura bem mais elegante, que ostentava uma grande membrana nas costas, sustentada por vértebras alongadas.

Esses herbívoros eram predados por anfíbios terrestres, como o *Eryops*, que parecia uma mistura de sapo com jacaré. Se tivesse rodas, seria um veículo blindado com dentes. Outros pelicossauros com vela nas costas, como o *Dimetrodon* (fig. 13), competiam com o *Eryops*.

Ao contrário de mamíferos e aves, répteis e anfíbios não controlam sua temperatura corporal. Entorpecidos e indefesos no frio, eles precisam se aquecer ao sol para ficarem ativos. Isso cria uma oportunidade para os animais capazes de se aquecer e se resfriar mais rapidamente que os demais. Os pelicossauros estão entre os primeiros tetrápodes a assumir o controle ativo de seu metabolismo. Quando ficavam com suas velas voltadas para o sol, o *Edaphosaurus* e o *Dimetrodon* se aqueciam muito mais depressa que os répteis sem essa capacidade — e eram os primeiros a chegar na comida. Quando as velas ficavam de frente para o sol, eles perdiam calor rápido também. Os pelicossauros tinham outro truque: ao contrário da maioria dos répteis, cujas mandíbulas contam com fileiras de dentes idênticos e pontiagudos, eles desenvolveram presas de tamanhos diferentes, que lhes permitem processar alimentos com mais eficiência.

Essas adaptações — regulação do calor e desenvolvimento de dentes de tamanhos variados — são pistas do que estava por vir.

Um dos descendentes da linhagem dos pelicossauros foi o *Tetraceratops*,[15] que viveu no início do Permiano nos antigos desertos onde hoje fica o Texas. Embora muito parecido com o pelicossauro, há sinais no crânio e nos dentes de uma mudança para algo totalmente diferente, uma nova ordem de répteis na qual algumas das inovações metabólicas dos pelicossauros se tornaram muito mais acentuadas. Essas criaturas são conhecidas como terapsidas.[16] Também diz-se que são "répteis semelhantes a mamíferos" — são, de fato, a linhagem da qual os mamíferos descendem. No meio do Permiano, no entanto, tudo isso ainda estava dezenas de milhões de anos no futuro.

Os terapsidas diferiam dos pelicossauros e de outros répteis porque tendiam a manter os membros eretos e embaixo do corpo, em vez de abertos para os lados. Eles eram dotados de uma variedade interessante de dentes, adaptados a suas dietas, e tinham sangue quente; isto é, podiam regular o metabolismo, não importava o que o sol fizesse. Os terapsidas dominaram as paisagens secas e sazonais da Pangeia. Eles eclipsaram os pelicossauros, seus parentes, e quase fizeram com que todos os anfíbios que gostavam mais da terra voltassem para a água.

Para cada nicho ecológico que o Permiano médio e tardio oferecia, havia um terapsida que se encaixava perfeitamente. Os primeiros terapsidas herbívoros incluíam monstros de duas toneladas, como o *Moschops*. Depois deles vieram os dicinodontes, sem dúvida os tetrápodes mais bem-sucedidos e mais feiosos que já andaram no planeta. Essas criaturas em forma de barril podiam ter desde o tamanho de um cachorrinho até o de um rinoceronte. Sua cabeça era larga, mas o rosto foi ficando achatado, como se tivesse passado a vida prensado contra um vidro. Todos os dentes foram substituídos por um bico córneo, exceto por um par de caninos superiores muito grandes, semelhantes a presas de elefante. Embora nominalmente herbívoros, os dicinodontes engoliam tudo o que conseguissem enfiar na boca. Alguns menores conseguiam cavar uma toca. Ambos os hábitos serviriam para protegê-los do apocalipse que estava por vir.

Dicinodontes eram perseguidos por predadores ferozes — seus primos terapsidas, os gorgonopsídeos. Como os dicinodontes, eles tinham dimensões variadas, desde o tamanho de um texugo até o de um urso, mas, exceto pelos gorgonopsídeos não prensarem a cara contra o vidro, ambos eram muito semelhantes. Quadrúpedes desleixados e compridos, ostentavam enormes dentes caninos superiores, comparáveis aos do tigre-dente-de-sabre. Entre outros terapsidas carnívoros, incluíam-se os cinodontes, menores que os gorgonopsídeos — os mais tardios ainda menores.

Conforme o Permiano avançava, os cinodontes foram relegados às margens. Eles eram pequenos e às vezes noturnos. Tinham cérebros grandes e dentes diferenciados em incisivos, caninos e molares. Tinham pelos e bigodes. Compartilhavam as fronteiras de seu mundo com os descendentes de *Petrolacosaurus* e *Hylonomus*, pequenos e, em geral, similares a lagartos.

Em seu auge, a Pangeia se estendia quase de polo a polo. A união dos continentes em uma única massa de terra teve consequências drásticas para a vida, tanto na terra quanto nos oceanos. Em terra, formas de vida até então endêmicas de determinados continentes se misturaram e se associaram com outras. A competição entre nativos e recém-chegados foi feroz, e muitos tipos de animais desapareceram.

A vida marinha era mais abundante na plataforma continental — a parte do mar mais próxima da terra. Quando os continentes se fundiram, ela diminuiu e a competição por espaço de vida no mar, portanto, também se tornou intensa.

*

O próprio clima ficou mais penoso. O interior da Pangeia era seco, mesmo pontuado por inundações anuais de monção, e — com a deriva para o norte de toda a massa terrestre — frequentemente muito quente. Embora as regiões frias do sul da Pangeia estivessem cobertas por um matagal interminável de uma samambaia chamada *Glossopteris*, a vida vegetal não era mais tão luxuriante. Isso implicava menos oxigênio do que antes: no final do Permiano, respirar ao nível do mar era como tentar respirar no Himalaia hoje. A vida terrestre ofegava.

O pior ainda estava por vir, o Armagedom se aproximava. Perto do final do Permiano, uma pluma mantélica[17] que subia das profundezas da Terra havia milhões de anos atingiu a crosta e a derreteu.

No final do Permiano, não seria necessário descer às profundezas da Terra para encontrar o inferno, porque o inferno veio à superfície. Ele ficava no que hoje é a China, onde uma paisagem exuberante de floresta tropical foi transformada em um caldeirão de magma, lava e fumaça de gases nocivos que aumentou o efeito estufa, acidificou os oceanos e despedaçou a camada de ozônio, fazendo ruir o escudo da Terra contra a radiação ultravioleta.

A vida ainda não estava recuperada desse desastre quando, cerca de 5 milhões de anos depois, aconteceu outro. A pluma mantélica da China tinha sido só o aperitivo. O prato principal era uma pluma mantélica ainda maior que, subindo das profundezas, perfurou a superfície da Terra onde hoje fica a Sibéria ocidental.

O chão rachou. A lava corria de uma miríade de fissuras e acabou pavimentando com basalto negro de milhares de metros de espessura uma área do tamanho do que hoje são os Estados Unidos continentais. A cinza, a fumaça e o gás que acompanharam a lava mataram quase toda a vida no planeta. Mas não de imediato: foram 500 mil anos de agonia tóxica.

Nessa infusão maligna, o dióxido de carbono foi o pior — o suficiente para criar um efeito estufa que elevou a temperatura média da superfície da Terra em vários graus. Com a falta de oxigênio e o calor escaldante que já vinham de antes, partes da Pangeia tornaram-se completamente inabitáveis.

O efeito nos recifes que margeavam o Tétis foi catastrófico. Amantes de sol, as algas que viviam dentro dos pólipos gelatinosos — os recifes de coral — eram ultrassensíveis à temperatura. Quando o mar esquentou, elas abandonaram suas casas, matando os pólipos.[18] O coral, branqueado e morto, desmoronou. Os corais tabulados e rugosos, a base dos ecossistemas dos recifes por dezenas de milhões de anos, já estavam em declínio com a mudança do nível do mar, mas o evento siberiano foi a pá de cal.[19] Sem eles, os organismos diversos que dependiam desse habitat também foram extintos.

E houve mais. Os vulcões chamuscaram o céu com ácido. O dióxido de enxofre formou uma espuma no alto da atmosfera, onde ajudou a constituir partículas microscópicas sobre as quais o vapor de água se condensou em nuvens que refletiam a luz solar no espaço, resfriando a superfície da Terra, ainda que temporariamente. Em meio ao calor havia picos de frio intenso. Quando choveu, o dióxido de enxofre ácido arrancou a vida vegetal do solo: o lixiviou e queimou as árvores até reduzi-las a tocos enegrecidos. Traços de ácido clorídrico e até fluorídrico agudizaram o problema. E enquanto não virava chuva, o ácido clorídrico danificava a camada de ozônio que protegia a Terra dos raios ultravioleta.

Em tempos normais, o plâncton no mar e as plantas na terra teriam absorvido grande parte do dióxido de carbono. Mas a vegetação já estava sob estresse. Assim, em vez de ser absorvido, o dióxido de carbono foi lavado pela chuva, aumentando a taxa de intemperismo.

Sem plantas para estabilizar o solo, o clima lavou tudo, deixando a rocha nua. O mar se tornou uma sopa espessa e turva, não apenas com sedimentos, mas com as carcaças dos organismos — plantas e animais — mortos pela carnificina em terra. As bactérias decompositoras consumiram o pouco oxigênio que restava. Algas tóxicas desabrocharam sobre os cadáveres até também murcharem. O ácido borbulhante na água corroía a concha de qualquer criatura que tocasse até dissolvê-la. Os esqueletos minerais dos quais criaturas marinhas dependiam — as que sobreviveram no mar escurecido e estagnado — tornaram-se finos e frágeis, até que não havia mais conchas.

E ainda viria mais. A pluma mantélica desestabilizou os depósitos de metano, até então congelados sob o oceano Ártico. O gás borbulhou até a superfície do mar numa velocidade que fez jorrar espuma a uma altura de centenas de metros na atmosfera. O metano é um gás de efeito estufa muito mais potente que o dióxido de carbono. O mundo fritou.

Se isso não bastasse, a cada poucos milhares de anos as erupções enviavam nuvens de vapor de mercúrio para a atmosfera,[20] para envenenar qualquer coisa que ainda não tivesse sido asfixiada, gaseada, queimada, fervida, grelhada, frita ou dissolvida.

Ao final, dezenove em cada vinte espécies de animais marinhos e mais de sete em cada dez terrestres foram extintas. Entre elas, animais que não deixaram descendentes ou parentes próximos.

A extinção matou o último dos trilobitas, por exemplo. Essas criaturas atarefadas, parecidas com tatuzinhos de jardim, andavam apressadamente no fundo do mar e ali nadavam desde o início do Cambriano. No Permiano, elas já estavam em declínio havia muito tempo, e restaram tão poucas que seu suspiro final foi discreto, em tom menor.

O mesmo ocorreu com os blastoides, um grupo de equinodermos pedunculados. Entre o Cambriano e o Permiano existiram cerca de vinte tipos de equinodermos, dos quais os blastoides estavam entre os últimos a sobreviver. Os equinodermos que ainda estão conosco, por outro lado, são em geral tão familiares que nem reparamos neles. Hoje, existem apenas cinco tipos: estrelas-do-mar, estrelas-serpente, pepinos-do-mar, ouriços-do-mar e estrelas-de-pena.*

No entanto, poderiam muito bem ser só quatro. Se não fosse por duas espécies de um gênero de ouriço-do-mar que sobreviveram à tempestade, eles também teriam sido condenados ao esquecimento. Os sobreviventes persistiram, evoluíram e se diversificaram até dar origem a todos os ouriços-do-mar vivos hoje. Embora os modernos — de ouriços-do-mar-púrpura e globulares às achatadas bolachas-da-praia (fig. 14) — sejam muito variados, os do Paleozoico eram ainda mais. Todas as espécies atuais derivam do limitado reservatório genético que foi legado pelos poucos sobreviventes do cataclismo. Se não fosse a resistência dessas testemunhas da destruição, os ouriços-do-mar estariam ausentes das nossas praias e seriam tão remotos e exóticos para nós quanto os blastoides.[21]

Praticamente todos os moluscos de concha pereceram, queimados por ácido ou afogados em um mar sem oxigênio repleto de matéria em decomposição. Algumas poucas espécies sobreviveram. Uma delas foi a *Claraia*, uma bivalve que parecia uma viei-

* As estrelas-de-pena são as formas de vida livre dos lírios-do-mar, ou crinoides, hoje encontrados principalmente em águas profundas.

ra. No Permiano, e até antes dele, os reis do mar eram criaturas chamadas braquiópodes. Superficialmente, pareciam moluscos bivalves, com corpos moles protegidos por duas conchas como mãos em posição de oração, e ganhavam a vida filtrando detritos da água. A extinção no final do Permiano desequilibrou a balança. Quase todos os braquiópodes foram extintos, e os que sobraram se tornaram atores muito figurantes no ecossistema oceânico moderno. O espólio foi para a *Claraia* e seus descendentes, o que explica por que bivalves como o berbigão e o mexilhão (bem como as vieiras) são os que hoje coalham a costa, enquanto os braquiópodes geralmente aparecem apenas como fósseis. A extinção do final do Permiano teve consequências para a vida que ressoam até hoje.

Em terra, gerações de anfíbios e répteis foram varridas. Legiões de pareiassauros desajeitados, com chifres e cheios de verrugas, desapareceram. Da mesma forma, os pelicossauros com velas nas costas não sobreviveram. Nem a maioria de seus parentes terapsidas. As manadas de dicinodontes que cortavam cavalinhas e samambaias nas planícies foram quase inteiramente abatidas, junto com os gorgonopsídeos dente-de-sabre que os perseguiam.

Praticamente todos os anfíbios voltaram para a água de onde haviam saído no Devoniano. Todos aqueles que forjaram uma existência na terra, tornando-se mais reptilianos na vida e nos hábitos, foram extintos. O ancestral de todos os amniotas, que tornou a vida terrestre uma proposta muito mais viável, emergira desse grupo de criaturas, no início do Carbonífero. Nenhum ser como ele vive hoje.

Os portões do inferno, entreabertos na China e escancarados na Sibéria, sugaram para o abismo quase toda a vida existente. A terra virou um deserto vazio e silencioso; pouca vida vegetal se agarrava aos destroços de um planeta moribundo. O oceano restou praticamente morto. Os recifes se foram, o fundo do mar ficou recoberto por um tapete fedorento de lodo. Parecia que a vida tinha sido catapultada de volta ao Pré-Cambriano.

Mas ela retornaria. E quando isso acontecesse, seria na forma do carnaval mais colorido e exuberante de esplendor que já existiu.

Triassic Park

A recuperação do desastre que encerrou o período Permiano levou dezenas de milhões de anos. O mundo, outrora repleto de vida tanto no mar quanto na terra, ficou esvaziado. Um prato cheio para oportunistas, como o extraordinário *Lystrosaurus* (fig. 15).

Com o corpo de um porco, a atitude intransigente de um golden retriever em relação à comida e a cabeça de um abridor de latas elétrico, o *Lystrosaurus* foi o equivalente animal a plantas daninhas brotando em um campo bombardeado. Ele era um dicinodonte, membro do grande e variado grupo dos terapsidas, que dominara a terra no Permiano. O hábito de se entocar em buracos pode tê-lo salvado do apocalipse que ceifou a vida da maioria de seus parentes.

Seu sucesso se deu pela disposição de ir a qualquer lugar e comer qualquer coisa, e por seu crânio, que era mais largo do que comprido. Músculos de mastigação maciços moviam a mandíbula sem dentes, exceto por um bico córneo e afiado. O maxilar superior também foi reduzido a uma lâmina, com exceção de um par de caninos alongados na forma de presas em ambos os lados da face chapada. A cabeça potente funcionava como uma retroescavadeira — raspando, ceifando, cavando e enfiando na boca tudo que encontrava, em eterna mastigação.

Imediatamente após a extinção, e por milhões de anos mais, a vida terrestre foi quase uma monocultura de *Lystrosaurus*. Eles andavam em manadas por toda a Pangeia e eram tão felizes nas florestas e nos pântanos eventuais quanto nos desertos quentes e secos típicos do período. É claro que havia outros animais, mas nove em cada dez eram *Lystrosaurus*: sem dúvida o vertebrado terrestre de maior sucesso que já existiu.

E o que mais sobreviveu, além do *Lystrosaurus*? O flerte dos anfíbios com uma vida terrestre, em animais como o *Diadectes* e o *Eryops*, não durou. Os anfíbios triássicos eram aquáticos, com hábitos e aparência semelhantes aos dos crocodilos. Alguns deles eram muito grandes — os maiores sobreviveram até o meio do Cretáceo, remanescentes antigos de uma era desaparecida, até, finalmente, serem extintos também. A vitória, digamos assim, foi para as formas menores. O primeiro sapo, o *Triadobatrachus*, surgiu no Triássico.

Apesar de seu alcance global, o *Lystrosaurus* foi muito menos comum nas regiões dos extremos norte e sul da Pangeia, particularmente no início do Triássico. Nessa época, as áreas polares, embora mais frias que a zona equatorial, tórrida ao extremo, eram áridas entre os cursos d'água, ainda dominados pelos anfíbios gigantes.

Os herdeiros reptilianos do Triássico descendiam daquelas poucas criaturas pequenas que escaparam da extinção, na cola (e dentro das tocas) do *Lystrosaurus*. Uma vez no Triássico, eles se diversificaram muito rapidamente em uma deslumbrante variedade de formas — resposta afrontosa aos eventos que quase destruíram a vida de forma irrecuperável.[1] E muitos desses répteis recém-criados foram para a água.

Assim como os sapos, as tartarugas são um grupo de animais que surgiu no Triássico e também se diversificou na água. Embora a *Proganochelys* se parecesse com uma tartaruga terrestre moderna, com um casco totalmente formado em cima e embaixo, outras tartarugas triássicas eram bem diferentes — entre elas, incluíam-se a *Odontochelys*, que tinha um casco totalmente formado na barriga (o plastrão), mas apenas uma carapaça parcial na parte superior, composta de costelas largas;[2] a *Pappochelys*, do tamanho de uma tartaruga de água doce, na qual a carapaça e o plastrão ainda não haviam se formado completamente;[3] e a *Eorhynchochelys*, de um metro de comprimento, que não tinha plastrão nem carapaça e combinava uma cauda longa atípica em tartarugas com um bico muito parecido com o delas.[4] O Triássico foi uma época de ouro para tartarugas, quase tartarugas e até imitações de tartarugas, com uma grande variedade de formas e modos de vida.

À primeira vista parecidos com as tartarugas, os placodontes[5] eram répteis marinhos de corpo grosso e movimento lento, muitas vezes blindados com uma carapaça e com dentes em forma de lápide, especializados em esmagar conchas de moluscos (fig. 16). Enquanto os placodontes escavavam o lodo em busca de mariscos, outros répteis — os notossauros e os talatossauros e paquipleurossauros (similares) — disparavam pelos mares cintilantes em busca de peixes. Essas criaturas eram esguias, com pescoços e caudas longos e membros usados como nadadeiras. Os notossauros são parentes dos plesiossauros — com frequência muito maiores e ainda mais aquáticos, que surgiriam muito mais tarde. Notossauros, paquipleurossauros e talatossauros, assim como os placodontes, viveram e morreram todos no Triássico.

O *Tanystropheus* rondava as águas rasas e mergulhava atrás de peixes. Com seis metros de comprimento, tinha o pescoço tão ou mais longo que seu corpo e cauda combinados. Mais curioso ainda, o pescoço era rígido, formado por apenas uma dúzia de vértebras muito compridas. De todas as esquisitices do carnaval reptiliano do Triássico, o *Tanystropheus* foi uma das mais estranhas.

Se não contarmos os drepanossauros.

Essas criaturas improváveis passavam a maior parte do tempo suspensas sobre a água por uma cauda preênsil com uma garra rígida na ponta que funcionava como gancho. Sustentadas assim no alto, deslizavam a pata na água para pegar peixes, com a ajuda de garras semelhantes a anzóis em cada um dos dedos dos membros anteriores, até fisgar e então engolir a presa com seus longos bicos de ave.*

Entre os habitantes dos mares estavam os hupehsuchus,[6] pequeno grupo de répteis aquáticos com membros atarracados semelhantes a nadadeiras e focinhos longos em forma de bico. Esses estranhos seres eram aparentados dos ictiossauros, o apogeu dos répteis aquáticos. Também surgidos no Triássico e lembrando golfinhos, os ictiossauros passavam a vida toda no mar e davam à luz filhotes, como as baleias. Alguns chegavam a tamanhos próximos ao delas: o Shonissauro,[7] que alcançava 21 metros de comprimento, foi não só o maior ictiossauro, mas o maior réptil marinho que conhecemos. Embora os ictiossauros tenham vivido até o final do Cretáceo, nenhum se comparou a eles em seu auge no Triássico.

* Se você acha que estou inventando isso, você está só um pouco certo. A anatomia dos drepanossauros é difícil de descrever. Eles já foram apresentados como nadadores, escaladores de árvores com caudas preênseis, escavadores... e, com seus estranhos crânios parecidos com os de aves, parentes primitivos delas.

*

Em terra, os monstruosos pareiassauros do Permiano, chifrudos e cheios de verrugas, pastaram pela última vez; mas esse não foi o caso de seus primos distantes, os procolofonídeos. Essas criaturas pequenas, atarracadas e espinhosas tinham o crânio largo repleto de dentes apropriados para moer vegetais ou insetos. Nenhuma vegetação rasteira de samambaias e cicas estaria completa sem essas criaturas discretas, porém industriosas. Bastaria abrir a folhagem para ver uma ou mais delas fugindo para a sombra. No Triássico, os procolofonídeos estavam por toda parte — mas todos desapareceriam até o final do período.

Eles facilmente se confundiriam com os esfenodontes, também espinhosos e semelhantes a lagartos, que eram, como os procolofonídeos, onipresentes. Ao contrário dos procolofonídeos, no entanto, os esfenodontes sobreviveram — ainda que por pouco — e vivem até hoje. O único esfenodonte remanescente é a tuatara, confinada hoje a algumas pequenas ilhotas ao largo da Nova Zelândia, a última espécie de uma linhagem que remonta a quase 250 milhões de anos.

O mesmo aconteceu com os primeiros escamados verdadeiros — os ancestrais dos nossos lagartos e cobras. Eles também surgiram no Triássico, representados pelo *Megachirella*.[8] Muitos pequenos répteis primitivos se pareciam superficialmente com lagartos, mas o *Megachirella* era de fato um.

Assim como os pequenos anfíbios do Carbonífero, os lagartos tinham propensão a perder as pernas, o que aconteceu muitas vezes na evolução desse grupo. O ponto culminante dessa tendência foi o aparecimento das cobras, que só aconteceria no futuro, no período Jurássico, quando a dissolução da Pangeia levou ao florescimento evolutivo de lagartos e cobras.[9] Não que as cobras tenham perdido seus membros de uma só vez — algumas formas primitivas mantiveram os membros posteriores. A *Pachyrhachis*, do Cretáceo, que deslizava ao largo da costa sul do Tétis, tinha membros posteriores minúsculos e vestigiais.[10] A *Najash* tinha membros posteriores, presos ao sacro, muito mais robustos e funcionais — e vivia em terra.[11] Logo que surgiram, portanto, as cobras se diversificaram em formas cavadoras de tocas e nadadoras.

O *Lystrosaurus* — e um ou outro dicinodonte mais raro que resistiu até o fim do Permiano — continuou evoluindo e se diversificando, dando origem a diversos animais semelhantes, mas muito maiores, como o *Kannemeyeria*, do tamanho de uma vaca. Essas criaturas percorriam as planícies ao lado dos rincossauros, que se pareciam bastante com os dicinodontes, com corpos rechonchudos e focinhos em forma de bico, mas eram parentes mais próximos do Rei do Triássico — ou Rei dos Répteis — o arcossauro.

Nem todos os primeiros arcossauros eram pequenos. Um deles foi o gigantesco e aterrorizante *Erythrosuchus*, um monstro de cinco metros que se especializou na abundante fonte de alimento chamada *Lystrosaurus*.

Hoje, os arcossauros são representados por dois tipos muito diferentes de animais — crocodilos e aves. No Triássico, as aves ainda não existiam, mas havia uma variedade desconcertante de animais mais ou menos parecidos com crocodilos.

Talvez os mais próximos fossem os fitossauros, que poderiam ser facilmente confundidos com crocodilos, exceto por sua tendência a ter narinas no topo da cabeça, e não na ponta — o que permitia que nadassem com facilidade debaixo d'água com uma superfície mínima do corpo aparecendo fora dela. Os fitossauros eram carnívoros, ou melhor, comedores de peixes. Seus parentes, os aetossauros, eram vegetarianos e se protegiam com carapaças pontiagudas e blindadas, um presságio dos anquilossauros que surgiriam 100 milhões de anos depois.

Os aetossauros tinham muitos motivos para temer os formidáveis rauisuchianos, predadores quadrúpedes que chegavam a seis metros de comprimento, com crânios profundos e poderosos que se pareciam sinistramente com os dos grandes dinossauros carnívoros, como os tiranossauros. Embora muitos crocodilos andem com os membros abertos lateralmente, eles também são capazes de uma marcha chamada "caminhada alta", na qual seus membros ficam com mais firmeza sob o corpo. Do ponto de vista energético, isso é muito mais eficiente para a vida terrestre. Os rauisuchianos andavam assim, como muitos de seus parentes arcossauros. Alguns, porém, eram bípedes, ao menos por parte do tempo.

No mar, na terra — e no ar. No Permiano e no Triássico, diversos vertebrados tentaram voar, ávidos por perseguir os insetos que adotaram o meio aéreo no Carbonífero e se diversificaram no Triássico em uma variedade de formas incomuns. Diversos répteis planadores perseguiam libélulas nas florestas do Permiano e do Triássico: criaturas como o *Kuehneosaurus*, muito parecida, em aparência e comportamento, com o *Draco*, o lagarto planador que existe hoje. Outra forma tipicamente triássica — na medida em que era muito estranha e em nada parecida com qualquer coisa vista antes ou depois — foi o *Sharovipteryx*. Ele planava entre as árvores usando uma pele fina esticada entre seus membros posteriores, que eram muito alongados.

No entanto, foi só no período Triássico que os vertebrados começaram de fato a voar, em vez de simplesmente planar de árvore em árvore. Esses aeronautas, os pterossauros (que já foram conhecidos como pterodáctilos [fig. 17]), eram arcossauros e primos próximos dos dinossauros.[12] Suas asas eram membranas elásticas de músculo e pele esticadas entre as mãos e o corpo, presas em um dedo anelar (o quarto dedo) enormemente alongado — a palavra "pterodáctilo" significa "dedo de asa". Os primeiros pterossauros eram pequenos e agitados, como os morcegos. E, como os morcegos, também eram cobertos por uma penugem.

Ao longo de sua existência, os pterossauros cresceram tanto que, no final do período Cretáceo, os últimos deles eram tão grandes quanto pequenos aviões e quase não batiam as asas. De corpo leve, tudo de que precisavam para decolar era abrir as enormes asas em uma brisa leve e deixar a física se encarregar do resto. Seu sucesso foi proporcionado por uma anatomia delicada: um esqueleto modificado em estruturas rígidas e quadradas feitas de ossos ocos com espessura quase tão fina quanto papel. Os maiores pterossauros eram adaptados para ganhar altitude usando térmicas — colunas de ar quente que sobem a partir do solo. Planadores perfeitos, faziam curvas incrivelmente fechadas, aproveitando as colunas estreitas, às vezes menores do que a envergadura de suas asas, subindo cada vez mais alto até que — em altitude — saíam da térmica e voavam para baixo a fim de pegar outra.[13] Dessa forma, conseguiam percorrer longas distâncias sem esforço. Pterossauros gigantes como o *Pteranodon* cruzavam os mares que se abriram quando a Pangeia se dividiu, voando entre os jovens continentes.

Apenas os pterossauros realmente grandes, como o próprio *Pteranodon*, o monumental *Quetzalcoatlus* e o *Arambourgiana*, talvez ainda maior, podem ter voado dessa maneira. Nenhuma quantidade de força seria capaz de bater aquelas asas enormes sem fazê-las colapsar. E os pterossauros não dispunham da quilha das aves, que ancora seus poderosos músculos de voo (os mesmos do peito de frango servido nas refeições). Apenas os pterossauros menores tinham asas pequenas o suficiente para que fossem batidas como as de um morcego.* O último e maior dos pterossauros já voava muito pouco, arrastando-se pelo chão como uma grande tenda itinerante, com sua cabeçorra capaz de encarar a de uma girafa.

O desmembramento da Pangeia tornou-se uma oportunidade para cobras e lagartos. Mas foi a ruína dos pterossauros que navegavam as correntes de ar. A deriva continental durante o Jurássico e o Cretáceo fomentou um clima variado e tempestuoso, muito diferente das temperaturas mais uniformes do Triássico. Embora o clima da Pangeia com frequência fosse rigoroso, os ventos, fora da estação das monções, eram fracos. A ausência de gelo nos polos e a liberdade do oceano para fazer o calor circular em todas as latitudes estreitaram o gradiente de temperatura entre os polos e o equador. Quando o clima passou a ser mais ventoso, essas pipas vivas, gigantes e delicadas, foram arremessadas de cabeça, caindo no chão como guarda-chuvas quebrados, fraturando-se com o impacto.

Em meio à exuberância de répteis, alguns (muito) poucos terapsidas que não eram dicinodontes resistiram. No início do Triássico, cinodontes do tamanho de cães, como o *Cynognathus* e o *Thrinaxodon*, fizeram o papel de carnívoros de pequeno e médio porte. Com o passar do tempo, as criaturas dessa linhagem ficavam menores e mais peludas, espreitando quase des-

* Os morcegos — os únicos mamíferos ainda existentes que voam, em vez de simplesmente planar — também não têm esterno quilhado, como as aves têm.

percebidas em recantos noturnos e esquecidos: é essa a origem dos mamíferos. Mas ainda não era a hora deles.

Entre os arcossauros com bipedia mais acentuada estavam os primeiros dinossauros, que surgiram, no final do Triássico, da disputa entre rauisuchianos, rincocéfalos e outros animais mais ou menos parecidos com crocodilos.

A linhagem dos dinossauros e dos pterossauros — os arcossauros da "linhagem das aves", distinta daquela que levou aos crocodilos — está em um grupo de criaturas do Triássico chamadas Aphanosauria, como o *Teleocrater* — um quadrúpede comprido, com o corpo rente ao solo, que se parecia um pouco com um crocodilo, exceto pelo pescoço mais longo e pela cabeça pequena.[14]

Seria difícil adivinhar, olhando para um animal como o *Teleocrater*, que sua descendência teria um destino maravilhoso e pesado, enquanto quase todos os seus parentes arcossauros pereceriam. Havia uma pista nesse sentido em seus ossos. Os Aphanosauria tinham uma taxa de crescimento ligeiramente maior que a de muitos outros arcossauros e eram um pouco mais ativos e conscientes de seu ambiente.

Mais próximos ainda dos dinossauros estavam os silessauros. Mais esbeltos e graciosos que os Aphanosauria, tinham longas caudas e pescoços compridos, ainda que mantivessem as quatro patas no chão.[15] No final do Triássico, todos os Aphanosauria e silessauros tinham desaparecido. Já seus parentes mais próximos, os dinossauros, haviam adotado a postura sobre duas pernas como modo de vida, em vez de usá-la ocasionalmente. Toda a sua anatomia foi construída em torno disso — e, assim, eles herdaram a Terra.

Os dinossauros começaram discretamente, no interior quente e úmido de Gondwana, longe das tempestades avassaladoras da costa do Tétis e do calor hostil dos desertos de ambos os lados. Embora já tivessem começado a se diversificar em terópodes carnívoros e saurópodes vegetarianos, famosos por sua história posterior, os dinossauros eram um espetáculo da segunda divisão no carnaval triássico de dicinodontes, rincossauros, rauisuchianos, aetossauros, fitossauros e anfíbios gigantes.

Quando alguns dos maiores herbívoros — os dicinodontes e os rincossauros — decaíram, os dinossauros herbívoros ocuparam o seu lugar. Os dinossauros também se mudaram para regiões mais ao norte e, depois, para os desertos na direção do equador, antes inacessíveis. Mesmo assim, eles ainda eram atores coadjuvantes no drama maior protagonizado por arcossauros da linhagem dos crocodilos. Terópodes como o *Coelophysis* e o *Eoraptor*[16] eram oportunistas miúdos e velozes, muito diferentes dos monstros do Jurássico e do Cretáceo. Rauisuchianos ainda eram os donos do pedaço em terra; os anfíbios gigantes, nos rios e lagos; e uma profusão de outros répteis, no mar. Os saurópodes e seus parentes, como o plateossauro, eram grandes, mas não como as gigantescas baleias terrestres nas quais se transformariam depois, como o *Brachiosaurus* ou o *Diplodocus*. No final do Triássico, não havia sinais óbvios de que o destino favoreceria os dinossauros mais do que qualquer outro grupo reptiliano. Os dinossauros ocupavam a parte do meio da orquestra reptiliana do Triássico, atrás dos solistas, e ficaram lá por 30 milhões de anos.

Mas, como sempre, por baixo de tudo, a Terra se movia. A Pangeia — o supercontinente forjado ao longo de centenas de milhões de anos a partir dos fragmentos de Rodínia — estava se desintegrando.

Tudo começou ao longo de uma região frágil, uma emenda na crosta, onde outros dramas semelhantes haviam se iniciado e terminado. Muito antes da Pangeia, ela marcava a linha onde os Apalaches, paralelos à costa leste da América do Norte, se formaram — da colisão de duas placas continentais no Ordoviciano, há 480 milhões de anos —, espremendo um oceano antigo até ele desaparecer.

No final do Triássico, a crosta começou a se separar, mais ou menos nessa mesma linha, para criar o que se tornaria um novo oceano — o Atlântico. Formou-se um grande vale a partir da fenda, um corte que era cada vez maior, das Carolinas, no sul, até a baía de Fundy, no norte. À medida que se alargava, sedimentos de ambos os lados caíam na abertura: uma colcha de retalhos de rios e lagos em constante mudança, cheios de vida, com vulcões a brotar por todos os lados.

Num certo momento, a crosta esticou-se a uma espessura tão fina que o monstro subterrâneo que estava à espreita escapou. Cerca de 201 milhões de anos atrás, uma pústula de magma irrompeu na superfície da Terra, cobrindo com basalto o leste da América do Norte e as regiões então adjacentes do norte da África. Dióxido de carbono, cinzas, fumaça e aquele familiar coquetel de gases nocivos foram liberados na atmosfera. As temperaturas globais já altas atingiram picos ainda mais hostis à vida. Era como se a Terra, revoltada pelo fracasso de quando quase extinguiu a vida 50 milhões de anos antes, retornasse para se vingar em mais uma tentativa.

Essa crise durou 600 mil anos.

No final, o mar inundou a fenda, formando o início do que se tornaria o oceano Atlântico. Mas muitos dos animais que poderiam ter cortado as águas dos mares recém-criados não existiam mais: talatossauros, paquipleurossauros, notossauros, hupehsuchus e placodontes haviam desaparecido. Os ictiossauros sobreviveram, junto com um descendente dos notossauros, o plesiossauro. Em terra, os dicinodontes e os procolofonídeos, os rauisuchianos e os rincossauros, os silessauros, os bizarros *Sharovipteryx*, *Tanystropheus* e drepanossauros foram varridos do mapa. O grande circo triássico partiu, largando para trás um bando de esfarrapados.

A variedade de animais semelhantes a crocodilos foi reduzida à linhagem que deu origem aos crocodilos atuais. Os anfíbios gigantes sobreviveram por pouco, junto com os pterossauros, alguns poucos mamíferos e seus parentes cinodontes terapsidas, os jovens esfenodontes, tartarugas, sapos e lagartos — e junto com os dinossauros.

Por que os dinossauros sobreviveram, quando tantas criaturas parecidas não o fizeram, permanece um mistério. Pode ter sido apenas uma questão de sorte. Depois do Permiano, foi o *Lystrosaurus* que ganhou na loteria da vida. Agora os dinossauros é que ascenderiam e se diversificariam para povoar o mundo novo que surgia.

Dinossauros em pleno voo

Os dinossauros sempre foram feitos para voar. Tudo começou com sua fidelidade à bipedia, que sempre foi bem maior que a de seus muitos parentes parecidos com crocodilos.[1]

Em sua maioria, os quadrúpedes têm o centro de massa na região peitoral. Precisam de muita energia para se levantar sobre seus membros posteriores. É difícil, para eles, ficar em pé de forma confortável, mesmo que por pouco tempo. Nos dinossauros, porém, o centro de massa estava acima dos quadris. Um corpo relativamente curto era contrabalançado por uma cauda longa e rígida atrás. Com os quadris como ponto de apoio, os dinossauros podiam ficar de pé sobre os membros posteriores sem esforço. Em vez das patas atarracadas e robustas da maioria dos amniotas, eles as tinham longas e finas. É mais fácil mexer as pernas se elas forem mais esguias nas extremidades, e quanto mais fácil mexê-las, maior a facilidade para a corrida. Os membros anteriores, que se tornaram desnecessários para correr, foram reduzidos, e as mãos ficaram livres para outras atividades, como agarrar presas ou escalar.

Construídos como uma longa alavanca equilibrada sobre pernas compridas, os dinossauros tinham um sistema de coordenação que monitorava constantemente sua postura. Seu cérebro e sistema nervoso eram tão precisos quanto os de qualquer animal que já tenha existido. Tudo isso permitia que os dinossauros não só ficassem de pé, como também corressem, andassem, girassem e fizessem piruetas com equilíbrio e graça nunca vistos na Terra. Era a prova de uma fórmula vencedora.

Eles varreram tudo que havia à sua frente. Até o final do Triássico, diversificaram-se e preencheram todos os nichos ecológicos terrestres, assim como os terapsidas tinham feito no Permiano — mas com perfeita elegância. Dinossauros carnívoros de todos os tamanhos caçavam os herbívoros, cuja defesa era crescer e se transformar em gigantes ou se equipar com armaduras tão grossas que os faziam parecer tanques de guerra. Os saurópodes se tornaram quadrúpedes novamente e se transformaram nos maiores animais terrestres que já existiram, alguns com mais de cinquenta metros de comprimento e, no caso do *Argentinosaurus*,[2] mais de setenta toneladas.

Mas nem eles escaparam por completo da predação. Foram caçados por carnívoros gigantescos: "tubarões" em terra, como o *Carcharodontosaurus* e o *Giganotosaurus*,[3] e, por fim — nos últimos dias dos dinossauros —, o *Tyrannosaurus rex*.

Nele, o potencial inigualável da estrutura dos dinossauros foi levado ao extremo. Os membros posteriores desse monstro de cinco toneladas eram colunas gêmeas de tendões e músculos, em que a velocidade e a graça de seus ancestrais foram trocadas por poder prodigioso e força praticamente indomável.[4] Equilibrado em seus quadris enormes por uma cauda longa, o corpo era relativamente curto, os membros anteriores reduzidos a meros vestígios, a massa concentrada nos poderosos músculos do pescoço e nas amplas mandíbulas. Estas eram cheias de dentes parecidos em tamanho e forma com bananas, porém mais duros que o aço. Eles eram capazes de esmagar ossos[5] e perfurar a armadura de herbívoros lentos, mas bem protegidos e do tamanho de um ônibus, como os anquilossauros e o *Triceratops*, que tinha muitos chifres. O tiranossauro e seus parentes arrancavam pedaços sangrentos de suas presas e os engoliam inteiros — carne, osso, armadura e tudo o mais.[6]

Mas os dinossauros também foram bem-sucedidos em ser pequenos. Alguns eram tão baixinhos que poderiam dançar na palma da sua mão. O *Microraptor*, por exemplo, era do tamanho de um corvo e não pesava mais de um quilo; o peculiar *Yi*, parecido com um morcego, diminuto tanto no nome quanto na estatura, pesava menos que a metade disso.

Terapsidas podiam ter desde o tamanho de um pequeno terrier até o de um elefante, mas os dinossauros excediam até esses extremos. Como foi que eles ficaram tão grandes — e tão pequenos?

Tudo começou com a forma como respiravam.

Houvera uma ruptura na história remota dos amniotas. Nos mamíferos — os últimos terapsidas que sobreviveram, reminiscentes do Triássico que resistiam corajosamente à sombra dos dinossauros —, a ventilação era uma questão de inspirar e expirar. Do ponto de vista objetivo, essa é uma maneira ineficiente de pôr oxigênio para dentro do corpo e dióxido de carbono para fora. Desperdiça-se energia puxando ar fresco pela boca e pelo nariz para dentro dos pulmões, onde o oxigênio é absorvido pelos vasos sanguíneos circundantes. Esses vasos sanguíneos em seguida devem liberar o dióxido de carbono residual, que passa pelos mesmos espaços e é exalado pelos orifícios pelos quais o ar fresco entrou. Ou seja, é muito difícil limpar de uma vez o ar antigo ou refrescar cada canto e cada fissura em uma única inspiração.

Os outros amniotas — como dinossauros e lagartos — também ventilavam pelos mesmos orifícios, mas entre a inspiração e a expiração acontecia uma coisa bem diferente. Eles desenvolveram um sistema unidirecional para controle da circulação do ar, o que tornou a respiração muito eficiente. O ar entrava nos pulmões, mas não saía logo em seguida. Em vez disso, era desviado, guiado por válvulas unidirecionais, através de um extenso sistema de sacos aéreos em todo o corpo. Esse sistema, observado em alguns lagartos até hoje,[7] alcançou com os dinossauros seu mais elevado grau de elaboração. Os espaços aéreos — em última análise, extensões dos pulmões — cercavam os órgãos internos e até penetravam nos ossos.[8] Os dinossauros estavam cheios de ar.

Esse sistema de circulação era refinado e necessário. O sistema nervoso potente e a vida tão ativa que exigia a aquisição e o gasto de grande quantidade de energia fazia com que os dinossauros fossem quentes. A atividade energética demandava o transporte mais eficiente possível de ar para os tecidos carentes de oxigênio. O ciclo de energia gerava grande excesso de calor, e os sacos de ar eram uma boa maneira de se livrar dele. Este o segredo do enorme tamanho de alguns dinossauros: eram refrigerados a ar.

Se um corpo cresce, mas mantém a forma, o volume crescerá muito mais rápido que a área de sua superfície.[9] Ou seja, à medida que um corpo aumenta, há muito mais em seu interior que na parte externa. Isso pode se tornar um problema quando se trata de adquirir alimento, água e oxigênio — bem como de eliminar resíduos e o calor gerado pela digestão ou pelas atividades do dia a dia. Acontece porque a área disponível para entrada e saída de coisas diminui em relação ao volume de tecidos que devem ser servidos.

A maioria das criaturas é microscópica, então essa questão lhes é indiferente; mas, para qualquer ser vivo bem maior que uma vírgula, torna-se um problema. A solução se dá, primeiro, pelo desenvolvimento de sistemas especializados de transporte, como vasos sanguíneos, pulmões e assim por diante; e, segundo, pela mudança de forma, criando sistemas extensos e retorcidos que fazem as vezes de radiadores, como as velas dos pelicossauros, as orelhas dos elefantes e até o interior complexo dos pulmões com sua importante função de dissipar o excesso de calor, além de realizar trocas gasosas.[10]

Quando foram finalmente libertados de um mundo dominado por dinossauros e puderam se tornar maiores que um texugo, os mamíferos resolveram o problema de isolamento térmico conforme cresciam, iam perdendo pelos e suando. O suor secreta água na superfície da pele, e, à medida que ela evapora, a energia necessária para transformar o suor líquido em vapor é liberada por minúsculos vasos sanguíneos logo abaixo da pele, gerando um efeito de frescor. Além disso, o ar exalado pelos pulmões também é responsável pela perda de calor, e é por isso que alguns dos mamíferos peludos ofegam, expondo sua língua comprida e úmida para o alívio da evaporação do ar. O maior mamífero terrestre era o *Paraceratherium*, parecido com os rinocerontes, porém alto, magro e sem chifres, que viveu há cerca de 30 milhões de anos, muito depois do desaparecimento dos dinossauros. Seus ombros batiam quatro metros e ele pesava até vinte toneladas.

Mas os grandes dinossauros eram muito, muito maiores que isso. Em um saurópode gigantesco como o *Argentinosaurus*, um dos maiores animais terrestres que já existiram, com setenta toneladas e trinta metros de comprimento, a área de superfície era pequena comparada ao volume do corpo. Mesmo mudanças na forma, como desenvolver pescoço e cauda alongados, não eram suficientes para dissipar todo o calor gerado pelo interior volumoso.

Geralmente os animais avantajados têm taxas metabólicas mais baixas que os menores, então costumam ser um pouco mais frios. Aquecer ao sol um dinossauro do tamanho de um saurópode levaria muito, muito tempo, mas resfriá-lo levaria o mesmo; então, um dinossauro enorme, uma vez aquecido, mantinha a temperatura corporal bem constante simplesmente por ser gigantesco.[11]

Foi a herança dos dinossauros que os salvou e permitiu que eles crescessem tanto. Como seus pulmões volumosos se estendiam em um sistema de sacos aéreos que se ramificava por todo o corpo, eles eram menos compactos do que pareciam. Os sacos de ar nos ossos também deixavam o esqueleto mais leve. Os esqueletos dos grandes dinossauros eram proezas de engenharia biológica, consistindo em diversos ossos ocos reforçados para sustentação do peso e em apenas alguns que não cumpriam essa função.

O crucial era o fato de que o sistema interno de sacos aéreos fazia mais do que conduzir o calor dos pulmões. Ele retirava calor dos órgãos internos diretamente, sem transportá-lo primeiro pelo corpo via sangue, depois pelos pulmões, dissipando parte dele no caminho e agravando o problema. Um grande beneficiado dessa característica foi o fígado, que gerava muito calor e que, em um grande dinossauro, era do tamanho de um carro. A refrigeração a ar desses animais era mais eficiente que a refrigeração a líquido dos mamíferos,[12] o que permitiu a eles se tornarem muito maiores do que os mamíferos jamais seriam, sem que fervessem até a morte.

O *Argentinosaurus* era menos um gigante desajeitado do que um quadrúpede ágil, uma ave que não voava. As aves, herdeiras dos dinossauros, têm a mesma estrutura leve, o mesmo metabolismo acelerado e o mesmo sistema de refrigeração a ar —

características extremamente vantajosas para o voo, atividade que exige estrutura leve.

O voo também está associado a penas. Desde muito cedo na história, uma das características dos dinossauros era ter cobertura de plumas. No início, elas eram mais parecidas com pelos, tal como tinham os pterossauros — o primeiro grupo de vertebrados que aprendeu a voar, ainda no Triássico —, parentes próximos dos dinossauros.[13] A cobertura de penas oferecia isolamento térmico para um animal pequeno que, mesmo sem voar, gerava muito calor. O problema enfrentado pelos dinossauros pequenos e ativos era o oposto do que desafiava os enormes — precisavam evitar que todo aquele custoso calor se dissipasse no ambiente.[14] Então as penas simples logo desenvolveram vexilos, bárbulas e cores.[15] Animais inteligentes e vigorosos como os dinossauros tinham vidas sociais intensas, nas quais a exibição desempenhava um papel importante.

Outra chave para o sucesso dos dinossauros foi o fato de botarem ovos. Embora os vertebrados em geral sempre tenham posto ovos — hábito que permitiu a conquista final da terra pelos primeiros amniotas —, muitos deles reverteram ao hábito ancestral, encontrado nos primeiros mandibulados, de gerar filhotes que se desenvolvem por completo no corpo da mãe. Trata-se de encontrar uma estratégia que proteja a prole, sem incorrer em um custo muito alto para o progenitor. Os mamíferos começaram botando ovos. Com o tempo, porém, quase todos eles passaram a gerar filhotes que já nascem prontos, mas a um custo terrível. Esse tipo de procriação, conhecida como viviparidade, exige grande gasto de energia, o que limita o tamanho dos mamíferos terrestres.[16] Também limita o número de descendentes que eles podem gerar de uma só vez.[17]

Nenhum dinossauro, no entanto, jamais gerou sua prole dessa maneira. Todos os dinossauros botavam ovos — assim como todos os arcossauros. Sendo criaturas inteligentes e ativas, os dinossauros maximizavam o sucesso de sua prole incubando os ovos em ninhos e cuidando dos filhotes após a eclosão. Muitos deles, especialmente os herbívoros mais gregários — como os saurópodes e os hadrossauros, estes menores e mais bípedes, que substituíram amplamente os saurópodes no Cretáceo —, faziam seus ninhos em colônias comunais que dominavam a paisagem, estendendo-se por todo o horizonte. As dinossauros fêmeas retiravam o cálcio de seus próprios ossos para fornecê-lo a seus ovos: um hábito que as aves mantiveram.[18]

Era um sacrifício que valia a pena levando em consideração as vantagens oferecidas pela postura de ovos. O ovo amniota é uma das obras-primas da evolução. Consiste não apenas em um embrião, mas em uma cápsula completa de suporte à vida. O ovo contém alimento suficiente para o animal se desenvolver até a eclosão, bem como um sistema de descarte de resíduos para garantir que essa biosfera independente não seja intoxicada. O ato de botar um ovo permitia a um dinossauro ficar livre dos problemas e dos custos de nutrir os filhotes dentro de seu próprio corpo.

Alguns deles gastavam energia cuidando de seus filhotes após a eclosão — mas não tinham a obrigação de fazê-lo. Alguns enterravam seus ovos em um buraco no solo ou sambaqui e largavam os jovens à própria sorte. A energia que seria gasta para reproduzir e criar um pequeno número de descendentes podia ser gasta de outra forma — por exemplo, colocando um número muito maior de ovos do que a nutrição interna permitiria. E, claro, crescendo. Os dinossauros cresciam rapidamente. Os saurópodes precisavam crescer o mais rápido possível, o suficiente para espantar os carnívoros. Em resposta, os carnívoros precisavam crescer depressa também. O *Tyrannosaurus rex*, por exemplo, atingia sua massa adulta de cinco toneladas em menos de vinte anos, ganhando até dois quilos por dia — uma taxa muito maior que a de seus parentes menores.[19]

Os dinossauros e seus parentes mais próximos passaram milhões de anos acumulando tudo de que precisavam para voar: penas; metabolismo acelerado e refrigeração a ar eficiente para mantê-lo sob controle; estrutura leve e dedicação singular à postura de ovos.[20] Certos dinossauros usaram algumas dessas adaptações para fazer coisas muito diferentes das aves, como crescer até um tamanho que nenhum animal terrestre conseguiu superar. Com o tempo, porém, eles ficaram prontos para decolar. Como foi então que deram esse passo final e levantaram voo?

Tudo começou no período Jurássico, quando uma linhagem de pequenos dinossauros carnívoros tornou-se ainda menor. Quanto menores ficavam, mais emplumada ficava sua pele, uma vez que animais diminutos com metabolismo rápido precisam se manter aquecidos. Às vezes, eles viviam nas árvores para escapar da atenção de seus irmãos maiores. Alguns descobriram como usar as asas de penas para permanecer no ar por mais tempo: e assim surgiram as aves.

Não há nada mágico em um aerofólio como a asa. Ele é moldado de tal forma que perturba o ar através do qual se move, fazendo com que uma parcela de ar se mova extremamente rápido, enquanto a outra descansa na quietude de redemoinhos e contracorrentes. O resultado de todas essas variações de velocidade é uma força ascendente na asa, a qual aumenta de forma proporcional à velocidade da asa e é chamada de "sustentação".

Existem duas maneiras de alçar voo.

A primeira é a partir do solo ou da água. O aspirante a aeronauta deve correr o mais rápido possível contra o vento, batendo as asas com sua força máxima. A rigor, a decolagem poderia acontecer mesmo se as asas fossem mantidas rígidas na horizontal, mas nenhum animal voador corre tão rápido. Bater as asas altera a distribuição de velocidade do ar que se move ao redor delas, aumentando ainda mais a força de sustentação e tornando possível o improvável.[21]

A segunda maneira de voar é empoleirar-se em um lugar alto e cair, deixando a aceleração da gravidade fazer o trabalho. É ainda mais fácil quando se consegue pular em uma térmica para flutuar ainda mais.

Os melhores voadores são bem pequenos, até microscópicos, e vão para onde o vento os levar. A maioria dos organismos vivos viaja assim desde tempos imemoriais, sejam eles os esporos das primeiras plantas terrestres transportados por uma brisa ordoviciana; vírus espirrados das narinas de um tiranossauro; bactérias que se soltaram da pele dele; aranhas levadas em fios flutuantes de seda; sejam pequenos insetos — todos formavam e ainda formam um grande e majoritariamente ignorado plâncton aéreo que flutua desde pouco acima do solo até a borda do espaço. Um organismo muito pequeno — um esporo ou um grão de pólen — não precisa de adaptações especiais, como as asas, para voar, porque pode ser carregado por muitos quilômetros pela mais leve rajada de vento.

E é aí que mora o problema. O plâncton aéreo está sujeito aos caprichos do vento, sem controle do próprio destino. Para que voadores bem pequenos possam dar alguma direção a suas vidas, precisam de asas. Ao mesmo tempo, para uma coisa tão pequena quanto um cisco, as moléculas de ar parecem consideravelmente maiores do que para uma tão grande quanto, digamos, uma abelha ou mosca. Para uma partícula de poeira, o ar é viscoso como água ou xarope, e o ato de voar se parece mais com o de nadar. As asas dos menores insetos alados parecem mais cerdas do que aerofólios, e funcionam como pás, dando remadas pelo ar.

Se a criatura for grande o suficiente, a força da gravidade é mais importante que o movimento das moléculas do ar, e o primeiro estágio do voo consiste apenas em uma espécie de queda controlada. Assim é o paraquedismo. Os paraquedistas que conseguem ir mais longe no sentido horizontal do que caem verticalmente são conhecidos como "planadores" — mas, ainda assim, é um tipo controlado de queda.[22]

Vários animais descobriram esse meio de locomoção, desde a chamada cobra "voadora", que alarga o corpo de modo a abrir uma espécie de asa única, e os sapos "voadores", com enormes pés semelhantes a paraquedas, até muitos, muitos tipos de répteis planadores parecidos com lagartos, existentes ou conhecidos a partir do registro fóssil, que possuem uma membrana esticada de ambos os lados por costelas extremamente alongadas ou por ossos na própria pele. Eles fazem isso pelo menos desde o Permiano. Muitos mamíferos de pequeno porte são paraquedistas habilidosos, como o petauro-do-açúcar do Sudeste Asiático e uma série de esquilos "voadores", que saltam de paraquedas ou planam usando dobras de pele esticadas entre as patas. Os mamíferos aprenderam a planar assim que surgiram. Um dos grupos mais antigos, os haramiyidas, decolou no período Jurássico,[23] possivelmente antes da mais antiga ave conhecida, o *Archaeopteryx*.

Não pode ser coincidência que todos esses animais planadores vivam ou tenham vivido em árvores — e que o paraquedismo tenha surgido muitas vezes de forma independente.[24] Afinal, a seleção natural cobra um preço implacável em caso de quedas de qualquer criatura que goste de subir em árvores. Assim, qualquer animal com adaptações que minimizem o impacto e permitam adiar a morte será favorecido pela seleção natural.[25]

Só os dinossauros menores tinham alguma perspectiva de voar, pois, como vimos, as leis da física mostram que conforme o corpo cresce, os requisitos de energia para o voo aumentam. Só os pequenos voadores podem bater as asas. Os maiores só conseguem planar.

Os dinossauros usavam uma combinação dos procedimentos para voar — correr e bater as asas ou planar e cair. De todo modo, eles alçaram voo por acidente. Bem antes de que voar fosse uma opção, há muito tempo, vários deles já tinham asas emplumadas e ostentavam tufos de penas.

Mas coube a uma linhagem de pequenos dinossauros carnívoros desenvolver uma plumagem completa. Embora essas criaturas fossem em vários sentidos parecidas com as aves — dobravam as patas como as aves fazem com as asas,[26] incubavam seus ovos como elas,[27] e assim por diante —, algumas eram fisicamente muito grandes para voar.[28] No entanto, muitas tinham penas que usavam como isolante térmico, ou para exibição durante a corte, ou como camuflagem para evitar predadores, ou ainda uma combinação de todas essas coisas e talvez outras também.

Os primeiros voos não passavam de saltos curtos e podem ter começado do solo ou de algum lugar um pouco mais alto. As asas dos primeiros dinossauros a voar eram boas o suficiente apenas para subir em galhos baixos e para se empoleirar à noite, nada mais que isso. Os filhotes, por serem menores, podem ter usado suas asas curtas para vencer ladeiras íngremes ou subir em troncos de árvores.[29] E, uma vez nos galhos, o que fazer? Mesmo um dinossauro com asas mais rudimentares, especialmente se fossem pequenas, saltava para baixo, usando-as para diminuir a velocidade da queda, batendo-as de vez em quando para ter sustentação. O *Archaeopteryx*, a célebre "primeira ave", tinha asas totalmente emplumadas, mas não possuía a quilha profunda no esterno de que as aves modernas dispõem para ancorar os músculos de voo. Assim, o *Archaeopteryx* talvez não tenha sido um voador muito eficiente, mas deve ter sido capaz de voar distâncias curtas entre galhos ou de subir em galhos baixos.

O *Archaeopteryx* viveu no final do período Jurássico e fazia parte de um bando muito variado de dinossauros que flertavam com o voo. Alguns dos primeiros dinossauros voadores eram biplanos, com penas de voo nas asas e também nas pernas. O mais famoso era o minúsculo chinês *Microraptor*, membro dos dinossauros chamados dromaeossauros.[30] Eles eram primos próximos do *Archaeopteryx*, junto com outro grupo de bípedes pequenos e inteligentes, os troodontídeos. E, assim como aves e dromaeossauros, os troodontídeos estavam testando as penas e, talvez, voos breves. Um deles, o *Anchiornis*, tinha penas nos braços e nas pernas — ao estilo *Microraptor* — e viveu no período Jurássico[31] antes do aparecimento do *Archaeopteryx*.

Um dos experimentos de voo mais estranhos foi feito por outro pequeno grupo de dinossauros muito próximos dos dromaeossauros, troodontídeos e aves. É quase certo que essas criaturas, cujo tamanho variava entre o de um pardal e o de um estorninho, viviam em árvores. Elas eram emplumadas — o *Epidexipteryx* tinha longas penas em forma de fita na cauda,[32] mas suas asas eram formadas por tecidos de pele nua, como as dos morcegos.[33] Essas criaturas, os *Scansoriopterygidae*, foram um curto experimento dinossáurico em voos como o do morcego — uma faísca de vida que flamejou e morreu antes mesmo de a primeira ave eclodir do ovo ou de o primeiro morcego ser desmamado.

Outra peculiaridade da evolução do voo foi a frequência com que os animais conseguiram perdê-lo.[34]

As aves parecem não perder a oportunidade de abrir mão do voo assim que podem. Para começar, nem todas as aves são muito boas em voar. Pelo menos duas ordens inteiras de aves desistiram disso há muito tempo. Um grupo é o das ratitas, como o avestruz, a ema, os casuares e os kiwis, além de seus parentes extintos, os moas da Nova Zelândia e o *Aepyornis*, ou ave-elefante de Madagascar, ambos levados à extinção não muito tempo depois que os seres humanos chegaram lá. O outro é o dos pinguins, que transformaram suas asas em nadadeiras para voar debaixo d'água. Os dois grupos são muito antigos. Outras aves deixaram de voar quando chegaram a ilhas isoladas, onde não havia predadores terrestres, percebendo que ali podiam ficar numa boa — entre os exemplos, incluem-se o cormorão-das-galápagos, o kakapo (uma espécie de papagaio) da Nova Zelândia e o dodô (um pombo de tamanho descomunal) (fig. 18) das ilhas Maurício.

No entanto, havia vários outros grupos que não eram aparentados das ratitas, todos extintos milhões de anos antes de os seres humanos surgirem. No final do Cretáceo, uma ave primitiva chamada *Ichthyornis*, semelhante a uma gaivota com dentes,[35] esvoaçava ao longo das margens de um canal marítimo que antes dividia a América do Norte de uma ponta à outra, enquanto pterossauros como o *Pteranodon* voavam bem alto. Ela estava acompanhada da *Hesperornis*, uma grande ave com mais de um metro de comprimento, mas praticamente sem asas, que — como os pinguins — provavelmente vivia mergulhando atrás de peixes. Outra ave cretácea, o *Patagopteryx*, tinha o tamanho de uma galinha, vivia na Argentina na época em que o *Ichthyornis* e o *Hesperornis* planavam sobre as praias do antigo Nebraska, e também parece ter desistido de voar. Já um grupo de dinossauros conhecido como alvarezsaurídeos consistia em um bando de criaturas muito pequenas e emplumadas, com pernas longas, mas asas reduzidas a pequenos tocos, cada uma delas com uma grande garra na ponta. Quando foram descritos pela primeira vez por cientistas, foram considerados aves que não voavam.[36]

Voar é um hábito caro. Embora todos os pré-requisitos para o voo existissem na estrutura dos dinossauros quase desde o início, não é de surpreender que muitos voadores desistissem quando surgia a oportunidade. Os membros menores e mais habilitados a voar dos dromaeossauros e dos troodontídeos geralmente eram exemplos das suas famílias iniciais: seus descendentes eram maiores e mais afeitos ao chão. Os últimos dromaeossauros e troodontídeos foram os dragões que caíram na terra.

As aves deixaram de voar antes mesmo de se tornarem aves.

Não que muitos não tenham continuado a encarar o desafio. Os céus do Cretáceo logo se encheram de piados, trinados e grasnidos de inúmeras aves. Em geral eram emitidos pelos enantiornithines, um grupo de aves bem semelhantes às atuais, exceto por ter mantido dentes nos bicos e garras nas asas. Mas aves de aspecto moderno começaram a aparecer bem antes do final do Cretáceo. A marinha *Asteriornis*, do final do Cretáceo, por exemplo, era prima do grupo que acabaria se transformando em patos, gansos e galinhas.[37]

A Terra continuava mudando. No final do Cretáceo, a Pangeia havia se dividido em porções de terra parecidas com as atuais. Isso levou à evolução de diferentes tipos de dinossauros em locais variados. Um grupo de terópodes chamados abelissauros costumava ser encontrado somente nos continentes do sul, enquanto os ceratopsianos, como o *Triceratops*, quase sempre habitavam o oeste da América do Norte e o leste da Ásia — regiões que antes estavam unidas umas às outras mas separadas de outras porções de terra.[38]

O isolamento de dinossauros em ilhas criou estranhas coleções de animais selvagens, como em *Alice no País das Maravilhas*. Durante o Jurássico, por exemplo, a Europa era um arquipélago de ilhas tropicais, muito parecido com a Indonésia atual, com uma fauna única de saurópodes em miniatura, como o *Europasaurus*, que tinham no máximo seis metros de comprimento.[39] Madagascar, assim como agora, era um refúgio de seres exóticos. No Cretáceo, muitos nichos ecológicos da ilha, inclusive o vegetarianismo, foram ocupados por crocodilos.[40]

No Cretáceo surgiram as plantas com flores.[41] No começo elas eram pequenas e, como os tetrápodes, viviam perto da água, cobrindo as margens dos rios com flores brancas e cerosas de nenúfares que se destacavam nitidamente contra o paredão verde de coníferas.

Havia muito tempo que as plantas protegiam seus embriões dentro de sementes, mas aquelas com flores adicionaram mais camadas de proteção. Como em todas as outras, uma célula masculina fertilizava uma feminina para criar o embrião. Mas as plantas com flores tinham mais duas células femininas que, fertilizadas por outro espermatozoide, em um ménage à trois, geravam um tecido chamado endosperma — no qual o jovem embrião poderia se alimentar. Toda a estrutura ficava encerrada em uma camada protetora adicional, que se tornou o fruto. Antes do fruto, havia a flor — colorida e perfumada para atrair polinizadores. O fruto também podia ser colorido e perfumado, encorajando os animais a comê-lo e assim dispersar as sementes por meio de suas fezes.

Já fazia milhões de anos, provavelmente desde a primeira colonização da terra, que plantas terrestres simples, como os musgos, tentavam atrair animais para ajudar na fertilização.[42] Tais esforços eram tênues e ocultos, bem diferentes do resplendor das primeiras plantas com flores, que surgiram junto à proliferação evolutiva de polinizadores como formigas, abelhas, vespas e besouros — criaturas que hoje dominam a Terra no que diz respeito ao número de espécies. O relacionamento entre as plantas com flores e seus polinizadores é sutil, multifacetado e complexo — e só veio à tona quando a era dos dinossauros estava no auge.

Parecia que o mundo dos dinossauros não acabaria nunca. De fato, poderia ter continuado indefinidamente, apesar da irrupção de uma pluma mantélica na Índia no final do Cretáceo. Fora isso, o Jurássico e o Cretáceo foram épocas em que a Terra parecia estar profundamente adormecida. A crise que encerrou o Cretáceo, em contrapartida, veio rápida, brutal e do céu.

Basta olhar para a superfície da Lua para ver que ela carrega cicatrizes de colisões. A maior parte das áreas sólidas do Sistema Solar está repleta de crateras, desde as microscópicas às gigantescas. Mesmo o mais minúsculo asteroide é salpicado, cratera após cratera, pelo impacto de mísseis ainda menores. Somente aqueles corpos que remodelam constantemente suas superfícies conseguem apagar tais evidências.[43]

A Terra também foi atingida muitas vezes por corpos espaciais, mas são raras as crateras que sobreviveram. Os poucos corpos de impacto que não queimam por completo na atmosfera densa deixam poucas cicatrizes, pois elas logo são desgastadas pelo vento, pelo clima, pela água e, é claro, pela atividade dos seres vivos. Vermes cavam buracos nas paredes das crateras, enfraquecendo-as. As raízes causam rachaduras, transformando-as em pó. Os mares as enchem, os sedimentos as enterram, a vida as invade, até que aparentam nunca ter sequer existido.

Mas basta um. O impacto de um único asteroide há cerca de 66 milhões de anos levou o mundo dos dinossauros a um fim repentino.

Como tudo o que acontece da noite para o dia, o impacto estava em preparo havia muito tempo. O destino dos dinossauros havia sido selado uma era antes. Há cerca de 160 milhões de anos, no final do Jurássico, um choque no distante cinturão de asteroides produziu um astro de quarenta quilômetros de diâmetro, hoje conhecido como Baptistina, junto com uma saraivada de mais de mil fragmentos, cada um com mais de um quilômetro de diâmetro, alguns muito maiores. Esses arautos da desgraça se dispersaram pelo sistema, por perto do Sol.[44]

Cerca de 100 milhões de anos depois, um deles atingiu a Terra. Mergulhando como uma bomba em trajetória íngreme no Nordeste do céu,[45] o corpo, que pode ter tido até cinquenta quilômetros de diâmetro, atingiu a costa do que hoje é a península de Yucatán, no México, a vinte quilômetros por segundo, penetrando na crosta e a derretendo. Um clarão ofuscante, seguido por um vendaval de mil quilômetros por hora e um ruído além da imaginação destruíram por completo a vida em toda a região do Caribe e em grande parte da América do Norte, antes que o mundo inteiro fosse bombardeado por explosivos incendiários, produzindo um vento que soprava em fornalha e transformava árvores em tochas. Tsunâmis puxaram a água de todo o golfo do México para o mar antes que uma onda de cinquenta metros voltasse e atingisse a costa, avançando mais de cem quilômetros pelo continente.

O asteroide perfurou sedimentos ricos em anidrita, uma forma de sulfato de cálcio reminiscente de um antigo fundo do mar. O impacto instantaneamente a converteu em dióxido de enxofre gasoso. Na estratosfera, esse gás criou nuvens que, junto à poeira, bloquearam o sol, mergulhando o mundo em um inverno que durou anos. Quando o sol reapareceu, o dióxido de enxofre havia sido lavado na forma de uma pungente chuva ácida, deixando cicatrizes nas plantas e dissolvendo todos os recifes.

Nesse meio-tempo, desapareceram todos os dinossauros que não voavam. Os últimos pterossauros foram derrubados do céu. Nos mares, os magníficos plesiossauros — sucessores dos notossauros do Triássico — pereceram, com os mosassauros, temíveis lagartos-monitores do mar.* As grandes amonitas, parentes das lulas e dos polvos, que cruzavam os mares com suas conchas espiraladas, algumas do tamanho de pneus de caminhão, foram eliminadas, encerrando um pedigree que começara no Cambriano.

A cratera resultante tinha 160 quilômetros de diâmetro.

Três quartos de todas as espécies foram extintos, os seres vivos logo voltaram ao ponto zero. Mas, mais uma vez, a vida se recuperou. Em 30 mil anos, a camada superficial do mar já era habitada pelo plâncton,[46] cujos esqueletos calcários, que caíam como chuva no fundo do mar, enterraram os restos da cratera causada pelo impacto.

* Os últimos ictiossauros desapareceram alguns milhões de anos antes, evitando assim toda a confusão e a barafunda apocalípticas.

Os herdeiros foram os descendentes distantes dos terapsidas, que, como os dinossauros, desenvolveram um metabolismo rápido, usando-o, porém, de uma maneira totalmente diferente. Eles eram os mamíferos, que, depois de permanecerem nas sombras desde o Triássico, finalmente saíam para a luz.

Esses mamíferos magníficos

Era uma vez, nos tempos do Devoniano, um par de ossos na parte de trás da cabeça de um peixe com armadura, um de cada lado. O peixe nem reparou. Afinal, estava ocupado jogando areia nos olhos do escorpião marinho gigante que o perseguia.

Os ossos, porém, continuaram exercendo sua função. Eram um suporte que sustentava o cérebro cartilaginoso e mole, apoiados na armadura óssea externa, logo acima do primeiro par de fendas branquiais.

As mandíbulas se desenvolveram quando dois outros apoios — as escoras de cartilagem que separavam a boca das primeiras fendas branquiais — dobraram-se ao meio sobre si mesmas, com a dobra voltada para trás. Essas dobras, ou articulações da mandíbula, se apoiavam no primeiro par de fendas branquiais, passando a reduzi-lo a dois pequenos orifícios. Esses eram os espiráculos, situados nos dois lados. Dessa forma, as escoras que sustentariam o cérebro passaram a cumprir função tripla. Eram vigas estruturais, como antes; mas também ancoravam, em uma extremidade, músculos que abriam e fechavam os espiráculos. Na outra ponta ficavam perto dos buracos da caixa craniana que levavam aos ouvidos internos, um de cada lado.

Os ouvidos internos eram estruturas minúsculas e frágeis, sem as quais o peixe ficaria perdido, desorientado e sem saber onde era "para cima". Eles eram constituídos de dois tubos espelhados em forma de labirinto e cheios de fluido. O movimento do fluido balançava bolhas mineralizadas que ficavam presas a cílios, os quais, por sua vez, estavam ligados por suas outras extremidades a células nervosas. O movimento no ambiente levava ao movimento do fluido, que agitava as bolhas, que puxavam os cílios, que disparavam impulsos nervosos para o cérebro — e, instantaneamente, o peixe sabia onde estava: nadando depressa na água com as garras de um escorpião marinho voraz em seu encalço.

Esse sistema de canais também era sensível às vibrações da água: de novo por meio de um sistema de células ciliadas microscópicas, como as cordas de uma harpa. A vibração tocava as cordas, cada uma afinada em sua própria nota, e o peixe ouvia o estrondo sinistro de seu perseguidor. E o par de escoras de sustentação, sempre presentes e atuantes, uma de cada lado, conduzia essas vibrações do lado de fora até o ouvido interno.

Nos primeiros tetrápodes, como o *Acanthostega*, essas escoras de sustentação — que eram chamadas de osso hiomandibular — eram vigas robustas. Elas não conduziam o som muito bem, sobretudo se o tom estivesse acima de um rugido grave, como um trovão distante.[1]

Quando os tetrápodes enfim chegaram à terra firme, o ambiente acústico ao ar livre era completamente diferente. As cartilagens que formavam os arcos branquiais tornaram-se apoios para a língua e a laringe. Apenas os ossos hiomandibulares ficaram no mesmo lugar. Mas se tornaram dedicados à detecção do som. Os espiráculos foram cobertos por membranas finas, os tímpanos. Os ossos hiomandibulares conduziam as vibrações dos tímpanos diretamente para o ouvido interno. Por causa dessa nova função, o osso hiomandibular ganhou um nome mais impressionante: *columella auris* — a pequena coluna da orelha. Com um nome menos complicado, ele também é conhecido como estribo ou osso do estribo, e ficava entre o tímpano, de um lado, e o ouvido interno, de outro — tudo isso dentro dos domínios da pequena cavidade do ouvido médio.[2]

As vibrações dos sons que chegam ao tímpano são conduzidas através do estribo até o ouvido interno. É assim que anfíbios, répteis e aves ouvem até hoje. Com o tempo, o estribo se tornou fino como um fio de cabelo e sensível até a um sussurro. Mas até então tinha seus limites. E apesar de os piados, coaxados e grasnidos das aves preencherem o ar — as aves fazem alguns dos ruídos mais altos da natureza —[3] elas são amplamente insensíveis a sons de frequência superior a cerca de 10 mil ciclos por segundo, ou 10 kHz (quilohertz).[4]

Já os mamíferos fazem isso de outra forma. Em vez de ter apenas um osso no ouvido médio — o estribo —, eles têm três. Como antes, esse osso se conecta ao ouvido interno, e dele segue para o cérebro, mas dois outros ossos conseguiram se comprimir entre o tímpano e o estribo: o martelo, que fica preso ao interior do tímpano; e a bigorna, que liga o martelo ao estribo.[5]

O efeito disso na sensibilidade dos mamíferos foi dramático. A cadeia de três ossos amplifica o som. Também aumenta a capacidade dos ouvidos a frequências mais altas. Nós, humanos, pelo menos na infância, podemos ouvir notas tão altas quanto 20 kHz, algo muito superior ao canto mais alto da cotovia.* Mas os humanos são surdos em comparação a vários outros mamíferos, como cães (45 kHz),[6] lêmures-de-cauda-anelada (58 kHz),[7] camundongos (70 kHz)[8] e gatos (85 kHz);[9] e profundamente surdos em comparação a golfinhos (160 kHz).[10] A evolução da cadeia de três ossos no ouvido médio dos mamíferos lhes possibilitou um universo sensorial inteiramente novo, inacessível a outros vertebrados.

Era como se tivessem passado inadvertidamente por um pequeno buraco em uma cerca alta que os confinava a uma densa floresta, para então descobrir campos abertos de uma amplitude que nunca haviam imaginado ser possível.

Mas, de onde vieram o martelo e a bigorna?

Quando as mandíbulas surgiram pela primeira vez nos peixes que fugiam de outros habitantes das profundezas para salvar a vida, suas articulações ficaram paradas logo abaixo dos espiráculos, a fenda branquial remanescente que, nos tetrápodes, se tornaria o tímpano. Ou seja, o fato de a dobradiça da mandíbula estar perto da orelha, e não em qualquer outro lugar, foi uma daquelas peculiaridades do tempo e do acaso.

Entretanto, a articulação da mandíbula e o tímpano são mais que meros vizinhos. Eles são íntimos um do outro. Essa intimidade seria a chave para o sucesso fortuito dos mamíferos.

Quando o maxilar inferior surgiu pela primeira vez, ele era somente uma haste de cartilagem, metade da primeira fenda branquial que se dobrou para formar os maxilares. A metade de cima tornou-se a maxila superior; a de baixo, a mandíbula in-

* Funciona assim na infância, pelo menos. A sensibilidade às frequências mais altas tende a diminuir com a idade, especialmente naqueles que passaram a juventude ouvindo, ah, digamos, Deep Purple.

ferior. Com o tempo, essa cartilagem se transformou em osso, embora um resquício — a cartilagem de Meckel —, antes de desaparecer, persista ao menos no embrião, como uma fina tira de tecido na superfície interna do maxilar inferior.

O maxilar inferior de um réptil, ou de um dinossauro, é uma coisa complicada. Ele é feito não de um osso, mas de vários, cada qual com sua própria função. O dentário é o osso próximo à frente que, como o nome sugere, contém os dentes. Já o articular fica próximo à parte de trás e forma a dobradiça dos maxilares — ou articulação — com um osso na base do crânio chamado de quadrado. Também era assim nos ancestrais terapsidas dos mamíferos.

À medida que os terapsidas evoluíram e deram origem aos mamíferos, eles não só se tornaram ainda menores — passaram do tamanho de cães grandes para o de cachorrinhos, gatos, doninhas, camundongos e musaranhos ainda menores — como ficaram cada vez mais peludos, mas a mandíbula também mudou. O osso dentário passou a assumir o papel mais importante da mandíbula. Como o enorme filhote de cuco que força seus irmãos incautos para fora do ninho, o dentário empurrava tudo para trás, de modo que os outros ossos da mandíbula foram completamente absorvidos por ele ou espremidos em um pequeno enclave na parte posterior, próxima ao estribo. Na verdade, o osso dentário moveu-se tanto para trás que formou sua própria dobradiça independente, com um osso diferente do crânio, o esquamosal.

O resultado foi aliviar o osso quadrado de sua função de dobradiça. Por estar próximo ao estribo, ele passou a ser recrutado a fazer parte do ouvido. Tornou-se a bigorna. O osso articular foi o próximo a seguir os mesmos passos, tornando-se o martelo.[11]

*

Em alguns dos precursores dos mamíferos, a articulação do maxilar era uma combinação desconfortável dos ossos dentário e esquamosal, e do quadrado e articular. Como o quadrado e o articular estavam evoluindo para a bigorna e o martelo, eles tinham que fazer dois trabalhos completamente diferentes entre si. Uma das tarefas era ser parte da suspensão dos maxilares, o que exigia força robusta. A outra era conduzir o som, o que requeria sensibilidade. Tal como acontecera com o estribo muitos milhões de anos antes nos peixes ancestrais dos tetrápodes, esse era um meio-termo que não se sustentava.

Por fim, o quadrado e o articular ficaram flutuando livremente no ouvido médio — a princípio, presos à mandíbula por um fragmento da cartilagem de Meckel, que recuava. Depois, até isso desapareceu. Com a evolução do ouvido médio dos mamíferos, esses dois ossos despertaram para uma sensibilidade aguçada do mundo sonoro de modo que nenhum tetrápode jamais havia experimentado.

O ouvido médio dos mamíferos surgiu como consequência direta da redução de tamanho —[12] e surgiu não apenas uma, mas pelo menos três vezes, de forma independente: nos ancestrais dos animais que se tornariam o ornitorrinco e a equidna, da Australásia; nos ancestrais dos marsupiais e dos mamíferos placentários, que juntos constituem mais de 99% de todas as espécies vivas de mamíferos hoje; e, pela terceira vez, nos multituberculados, um grupo de mamíferos que se assemelhavam a roedores e viveram do Jurássico ao Eoceno, quando foram extintos.

A longa jornada desde os terapsidas até os mamíferos começou no início do Triássico, com cinodontes como o *Thrinaxodon*.

Quando vista de olhos cerrados, essa criatura era um jack russell. No entanto, além de sua cauda curta e atarracada e de um modo de andar bamboleado, ela era incrivelmente parecida com um mamífero. Tinha bigodes e pelo.* E era uma escavadora de tocas e buracos.

As diferenças eram ainda mais acentuadas em seu interior. Mesmo nesse estágio inicial, o osso dentário dominava a maxila inferior, embora o ouvido médio ainda consistisse apenas no estribo.

Nos répteis, os dentes são simples pontos, e são substituídos sempre que um deles cai. Os pelicossauros haviam mostrado uma propensão a variar formas e tamanhos dos dentes, criando um faqueiro, cada dente especializado em uma tarefa diferente. Essa tendência continuou com seus descendentes terapsidas.

Podem-se mencionar os gorgonopsídeos, com seus caninos gigantes; bem como os dicinodontes, presas dos primeiros, com sua combinação eficaz de dentes caninos e bico córneo. Os cinodontes também tinham caninos — seu nome, inclusive, significa "dente de cachorro" —, mas continuaram a tendência à diferenciação nos outros dentes. Os mamíferos têm quatro tipos básicos de dentes: pinças (os incisivos), facas (os caninos), fatiadores (os pré-molares) e, na parte de trás, trituradores (os molares). O *Thrinaxodon* tinha pinças e facas, mas os dentes atrás dos caninos não eram claramente diferenciados.

Além disso, em vez de ter costelas ao longo da coluna vertebral, como os répteis, o *Thrinaxodon* as confinava ao tórax, o que hoje chamaríamos de caixa torácica. Essa é uma característica exclusiva dos mamíferos e sugere que o *Thrinaxodon* dispunha de um diafragma, um músculo fino como uma folha que divide o tórax das vísceras e que teria permitido uma respiração muito mais poderosa e regular.[13]

* Quase certamente tinha bigodes. O pelo, no entanto, é conjectural.

Outra adaptação respiratória se deu dentro do nariz. Ao contrário dos répteis, nos quais as narinas internas estão na cavidade do céu da boca, perto da região frontal, o *Thrinaxodon* desenvolveu uma longa cavidade nasal quase inteiramente separada da boca, juntando-se a ela só na parte de trás, para que o ar pudesse passar limpo para a garganta, evitando a mastigação. Desse modo o animal podia mastigar sua comida sem ter que parar para respirar. A cavidade nasal alargada foi preenchida por um arabesco labiríntico de ossos, sustentando uma grande área de membrana mucosa, o que indica olfato apurado e capacidade de aquecer o ar inspirado enquanto mastigava algum animal primitivo ainda menor que ele.

A imagem que se tem é a de um animal ativo com metabolismo acelerado: semelhante ao dos dinossauros, mas obtido de modo diferente. Em vez de uma rede de sacos aéreos em todo o corpo, o diafragma bombeava ar para dentro e para fora. Do mesmo jeito que os dinossauros menores, o *Thrinaxodon* e os cinodontes posteriores conservavam o calor com um casaco de pele. Como o metabolismo rápido consome muito combustível, o ato de comer tornou-se mais eficiente. Em vez de engolir a comida inteira e digerir à vontade ou, como as aves e os dinossauros, triturá-la com pedras na moela, o *Thrinaxodon* usava uma bateria de dentes diferentes para cortar e picar sua presa enquanto ainda estava na boca, explorando sua capacidade de respirar durante a mastigação.

A transformação dos cinodontes nos primeiros mamíferos aconteceu de forma contínua, envolvendo várias linhagens diferentes e diversas de terapsidas. No que diz respeito a todos os aspectos importantes, foi no final do Triássico que surgiram animais indistinguíveis dos mamíferos. E eles eram minúsculos: *Kuehneotherium* e *Morganucodon* não eram maiores que musaranhos modernos, talvez com dez centímetros de comprimento, no máximo. Tinham os ouvidos médios totalmente formados,[14] e seus dentes também haviam evoluído para pinças, facas, fatiadores e trituradores.

Os molares eram especiais porque suas cúspides pontiagudas não ficavam alinhadas como em um dente de tubarão, mas escalonadas, criando uma superfície de mastigação bidimensional, com as várias cúspides e os sulcos dos molares inferiores encaixando-se nos do maxilar superior. Isso tornava o processamento de alimentos ainda mais eficiente; era mais uma arma no arsenal de pequenas criaturas que, todos os dias, tinham de comer uma grande fração de seu próprio peso corporal em insetos apenas para se manterem vivas. Mesmo nessa fase inicial, cada mamífero tinha sua própria especialidade alimentar. Enquanto o *Morganucodon* podia atacar presas duras e crocantes, como besouros, o *Kuehneotherium* preferia seres mais macios, como as mariposas.[15]

O metabolismo rápido, estimulado pelos eficientes atos de mastigar e respirar — parcialmente responsáveis, aliás, pela melhora do olfato —, a tendência à primeira vista inabalável de ter o corpo cada vez menor — que por sua vez levou à evolução da audição aguda de alta frequência — e o hábito de se esconder em tocas indicam que os mamíferos estavam se adaptando a um habitat que antes era inacessível a quase todos os outros vertebrados: a noite.

No Triássico, a Pangeia era em muitos aspectos um lugar hostil. Longe das costas devastadas por tempestades do oceano do Tétis, grande parte da terra era um deserto em que, durante o dia, o solo ficava quente demais para ser tocado. O *Kuehneothe-*

rium e o *Morganucodon* viviam nesse deserto, entre vinte e trinta graus ao norte do equador. Num ambiente como esse, a melhor estratégia era se esconder em uma toca bem abaixo da superfície, longe do calor do dia, e sair para caçar à noite ou bem cedo pela manhã. Para tanto, o metabolismo acelerado é essencial. Os répteis, que dependiam do calor do sol para se aquecer, perdiam os insetos mais suculentos para os mamíferos, que já estavam aquecidos. Os insetos também tendiam a estar mais entorpecidos nesses momentos, tornando-se presas mais fáceis.

Para aqueles que passavam os dias em tocas escuras, saindo apenas à noite para caçar sob as estrelas, a visão era muito menos importante do que a audição, o tato e o olfato — sentidos que, lentamente, foram aprimorados nos terapsidas desde os tempos do *Thrinaxodon*. Nos mamíferos, esses sentidos atingiram seu auge. De dia e acima do solo, o Triássico era uma profusão de répteis. Mas a noite pertencia aos mamíferos. Ela seria o parquinho deles pelos próximos 150 milhões de anos.

Todos os dinossauros nasceram de um ovo. Isso também já foi verdade para os mamíferos. Era um bom hábito, pois, como vimos, os ovos permitem a produção rápida de uma prole numerosa com pouco investimento dos genitores. O *Kayentatherium*, um terapsida muito parecido com os mamíferos, que viveu no Jurássico — e, portanto, um dos últimos de sua classe que não era um mamífero totalmente peludo —, chocava dezenas de jovens, todos adultos em miniatura, prontos para seguir seu próprio caminho no mundo.[16]

Mas uma mudança estava por vir, e ela aconteceria no cérebro. Os primeiros mamíferos passaram a desenvolver cérebros maiores. Os recém-eclodidos começaram a ficar parecidos com o que identificamos como filhotes — um pouco subdesenvolvidos, com a cabeça grande em relação ao corpo e o cérebro em plena expansão. O tecido cerebral é muito caro para ser produzido e mantido, tensionando animais pequenos que já correm o mais rápido possível para permanecer no mesmo lugar. Assim, em vez de botar muitos ovos, os mamíferos tinham ninhadas menores e dedicavam mais tempo para cuidar de cada filhote. As fêmeas começaram a secretar uma substância rica em gordura e proteína a partir de glândulas sudoríparas modificadas, garantindo que os jovens fossem alimentados com uma dieta repleta de todos os nutrientes necessários para crescerem rápido. Chamamos essa substância de "leite". Histórica e etimologicamente, a presença de órgãos produtores de leite, ou mamas, é o que faz um mamífero ser um mamífero.

A vida de um mamífero era muito tensa. Quando os dinossauros surgiram, no final do Triássico, os mamíferos já estavam no caminho certo para sofisticar a arte de ser pequeno e ter uma vida breve, aguda e cheia de aventura. Mas a tensão energética teria sido menor se eles houvessem sido capazes de retornar a um tamanho mais normal, especialmente agora que tinham cérebros grandes para sustentar.

O problema era que, quando os mamíferos se viram em condições de ir além do papel de pequenos insetívoros noturnos e necrófagos, os dinossauros haviam evoluído para preencher todas as lacunas ecológicas disponíveis. De fato, para um dinossauro pequeno, inteligente e ativo, os mamíferos eram mais que competidores: eram as presas.

Não que os mamíferos não tenham feito várias tentativas de escapar. Animais de vida breve evoluem depressa. No tempo dos dinossauros, pelo menos 25 grupos diferentes de mamíferos surgiram.

Eles eram um bando aventureiro, e não seriam contidos. Embora nunca tenham sido muito grandes durante o reinado dos dinossauros, alguns evoluíram para o tamanho de gambás e até de texugos — grandes o suficiente para roubar ovos e filhotes de dinossauros[17] e, talvez, para fazer com que alguns dos dinossauros menores e emplumados permanecessem nas árvores.

Ao aumentarem de tamanho, compartilharam o habitat não com um, mas com pelo menos dois tipos inteiramente diferentes de mamíferos que evoluíram para uma coisa similar a um esquilo voador.[18] A água também não era segura: o *Castorocauda*, de oitocentos gramas, tinha uma cauda achatada, parecida com a do castor, pele felpuda e dentes afiados, perfeitos para mergulhar em busca de peixes nos lagos jurássicos.[19] Madagascar, um paraíso para o inusitado, recebeu *Vintana* e *Adalatherium*, parecidos com coelhos, que, com olhos grandes e olfato apurado, estariam alerta a qualquer espasmo de um dinossauro predador.[20]

Quando todos os dinossauros morreram, essas linhagens, efêmeras e vivazes, também se extinguiram — com exceção de quatro. Os sobreviventes foram os mamíferos monotremados, que botam ovos, os marsupiais, os placentários e os multituberculados. Cada um deles poderia fincar raízes no rico molde da história evolutiva que já era profunda.

Os monotremados são mamíferos porque amamentam seus filhotes, ainda que eles nasçam de ovos. Esse grupo, hoje representado pelo ornitorrinco e pela equidna, é o último e peculiar remanescente de uma linhagem muito antiga que seguiu seu próprio caminho no período Jurássico e estava em todos os continentes do Sul.[21]

A maioria dos outros mamíferos — os placentários — abandonou completamente o hábito de botar ovos, nutrindo internamente um número menor de filhotes. Os embriões de mamíferos têm as mesmas membranas que o ovo amniótico — mas sem a casca. No ato final de devoção altruísta, a própria mãe assumiu esse papel protetor. Do mesmo modo que os monotremados, os placentários se originaram há muito tempo, nesse caso com as pequenas criaturas que subiam em árvores e caçavam insetos nos galhos das florestas jurássicas.[22]

Já os marsupiais chegaram a um meio-termo sagaz entre os ovos dos monotremados e a completa nutrição interna dos placentários. Eles alimentam seus filhotes internamente, mas a prole nasce quando sequer passa de um embrião. Uma vez no mundo exterior, a pequena criatura rasteja pela floresta de pelos de sua mãe até uma bolsa e se prende a um mamilo. Lá, segura e alimentada, ela completa seu desenvolvimento. Essa estratégia é uma adaptação a ambientes hostis e marginais, onde é difícil encontrar comida. Se tiver problemas, um marsupial gestante pode abortar seus rebentos e gerar outros mais tarde, se e quando as circunstâncias permitirem.

No registro fóssil, os marsupiais são tão antigos quanto os placentários[23] e têm uma longa e ilustre história. Eles se saíram especialmente bem quando confinados a continentes insulares, onde assumiram uma variedade surpreendente de formas. Durante grande parte da era cenozoica, a América do Sul foi seu feudo particular, que eles compartilhavam com os estranhos (e placentários) edentados — preguiças, tamanduás, tatus e outros parentes —, embora fossem súditos de animais como o *Thylacosmilus*, uma versão marsupial do tigre-dente-de-sabre, e seus batedores, os borhienídeos, com tamanho e aparência que variavam entre os de um lobo e de um urso. Quando a América do Sul colidiu com a América do

Norte, uma invasão de placentários do norte praticamente os eliminou.

Alguns mamíferos sul-americanos reagiram, no entanto, com contrainvasões, lideradas por preguiças-gigantes e, na vanguarda, tatus e gambás, que continuam atacando latas de lixo americanas até hoje. A maioria dos marsupiais atuais vive na Austrália, onde seu modo único de reprodução os torna adaptados ao interior árido daquele continente cada vez mais ressecado.

Então, quando os dinossauros por fim morreram, os mamíferos estavam prontos, aprimorados por 1 milhão de anos de evolução. Eles irromperam como um champanhe envelhecido, sacudido de antemão e desarrolhado de forma inexperiente.

Esperando por eles, porém, estavam os maiores predadores do mundo pós-apocalíptico. Eram de um gênero de aves, os forusracídeos. Imensos e incapazes de voar, eram parentes de garças e ralídeos, com crânios do tamanho da cabeça de um cavalo, e decapitavam qualquer mamífero imprudente que deixasse sua toca. Era como se o *Tyrannosaurus rex* tivesse retornado.

Mas mesmo esses horrores desapareceram na poeira das planícies do Paleoceno, e os mamíferos — principalmente os placentários — expandiram-se em tamanho e forma. Os primeiros, entretanto, pareciam cambaleantes e malformados, como se estivessem indecisos quanto ao seu propósito. Animais como pantodontes e dinocerados, arctocionídeos e mesoniquídeos, todos há muito desaparecidos, combinavam características de carnívoros e herbívoros. Pantodontes e dinocerados eram herbívoros e foram os primeiros a crescer. Alguns pantodontes eram tão grandes quanto rinocerontes; alguns dinocerados, do tamanho de elefantes. Embora claramente herbívoros, eles tinham dentes caninos amedrontadores.[24] Os arctocionídeos combinavam os dentes caninos dos ursos com os cascos dos veados.

Igualmente ambíguos eram os mesoniquídeos. Os forusracídeos, também conhecidos como aves gigantes do terror, encontraram seu par no mesoniquídeo *Andrewsarchus*, um animal aterrorizante, da altura do ombro de um homem, com uma cabeça tão comprida quanto a de um urso pardo do Alasca, e que poderia ter aspirado o crânio inteiro de um lobo por uma narina. E tinha cascos nos pés. O *Andrewsarchus* parecia um porco muito grande e muito bravo.[25]

Apesar do asteroide, a Terra no final do Cretáceo era um lugar quente e ameno, e o calor se manteve. Mas, à medida que o Paleoceno avançava até chegar no Eoceno, o calor equânime tornou-se tórrido. Planícies e bosques viraram selvas. A primeira onda de mamíferos primitivos e ambíguos foi gradualmente substituída por outras com objetivos de vida mais claros. Os ungulados — os mamíferos com cascos — apareceram pela primeira vez, apesar de durante o Eoceno serem pequenos e se parecerem mais com esquilos, correndo e disparando entre as árvores altas, possivelmente para evitar predadores como a *Titanoboa*, uma cobra do tamanho de um ônibus.[26]

Alguns dos primeiros ungulados com dedos dos pés em número par escaparam na direção mais improvável que se pode imaginar: eles voltaram para a água e se tornaram baleias. Além do mais, fizeram isso com entusiasmo e, em termos evolutivos, com grande pressa.

Os primeiros indícios da forma de baleia foram vistos nas mandíbulas longas e cheias de dentes — no veloz predador *Pa-*

kicetus, parecido com um lobo, e no *Ichthyolestes*, do tamanho de uma raposa —, uma característica frequentemente encontrada em comedores de peixes; e em diversas rugas na anatomia do ouvido interno que poderiam predispor à audição na água.[27] Mais obviamente aquático era o *Ambulocetus*, semelhante a um leão-marinho ou uma lontra, com membros mais curtos (embora ainda totalmente funcionais).[28]

Não demorou muito até que as baleias se tornassem totalmente aquáticas, assumindo formas como as do *Basilosaurus*, com vinte metros de comprimento, em tudo idêntico às serpentes marinhas da mitologia que se enrolavam todas, embora guardassem minúsculos vestígios de seus membros posteriores como recordação de seus antepassados terrestres.[29]

Depois disso, não houve como pará-las. As baleias substituíram os lagartos marinhos gigantes — um nicho que estava livre desde a extinção dos plesiossauros e dos mosassauros, no final do Cretáceo. Elas se tornaram mamíferos de grande sucesso, entre os mais inteligentes de todos os animais, e uma delas, a baleia-azul, é o maior animal que a evolução já produziu. Talvez mais notável que sua própria transformação tenha sido a velocidade em que o fez — de corredores terrestres semelhantes a cães a nadadores totalmente marinhos levaram apenas 8 milhões de anos.[30]

Outra transformação talvez tenha sido ainda mais surpreendente, por ter, ao que parece, apagado quase todos os seus vestígios.

Depois de se separar da América do Sul durante o período Cretáceo, a África se tornou um continente insular, permanecendo separada por cerca de 40 milhões de anos. Isolados, lá os primeiros mamíferos placentários, semelhantes aos insetívoros, diversificaram-se a tal ponto que todos os sinais externos de sua herança comum desapareceram.[31] E eles se transformaram em magníficos elefantes; em sirênios aquáticos, como o dugongo e o peixe-boi; em porcos-formigueiros, tenreques, toupeiras-douradas, musaranhos-elefantes e hiracoides. Todos eles fazem parte da Afrotheria, uma ramificação paralela de uma superordem mais setentrional, a Laurasiatheria — que inclui ungulados, baleias, carnívoros, morcegos, pangolins e os demais insetívoros.

Em toda classificação, sempre há um grupo de sobras. No caso dos mamíferos, elas eram os Euarchontoglires — uma variedade de raspadores que incluía ratos, camundongos, coelhos e, como se fossem uma ideia posterior, os primatas. Essas pequenas criaturas fugidias, com olhos voltados para a frente, visão em cores, cérebros propensos à curiosidade e mãos inclinadas à exploração, observavam, das imponentes florestas tropicais do Eoceno, um mundo em rápida mudança.

QUARTA LINHA DO TEMPO — A ERA DOS MAMÍFEROS

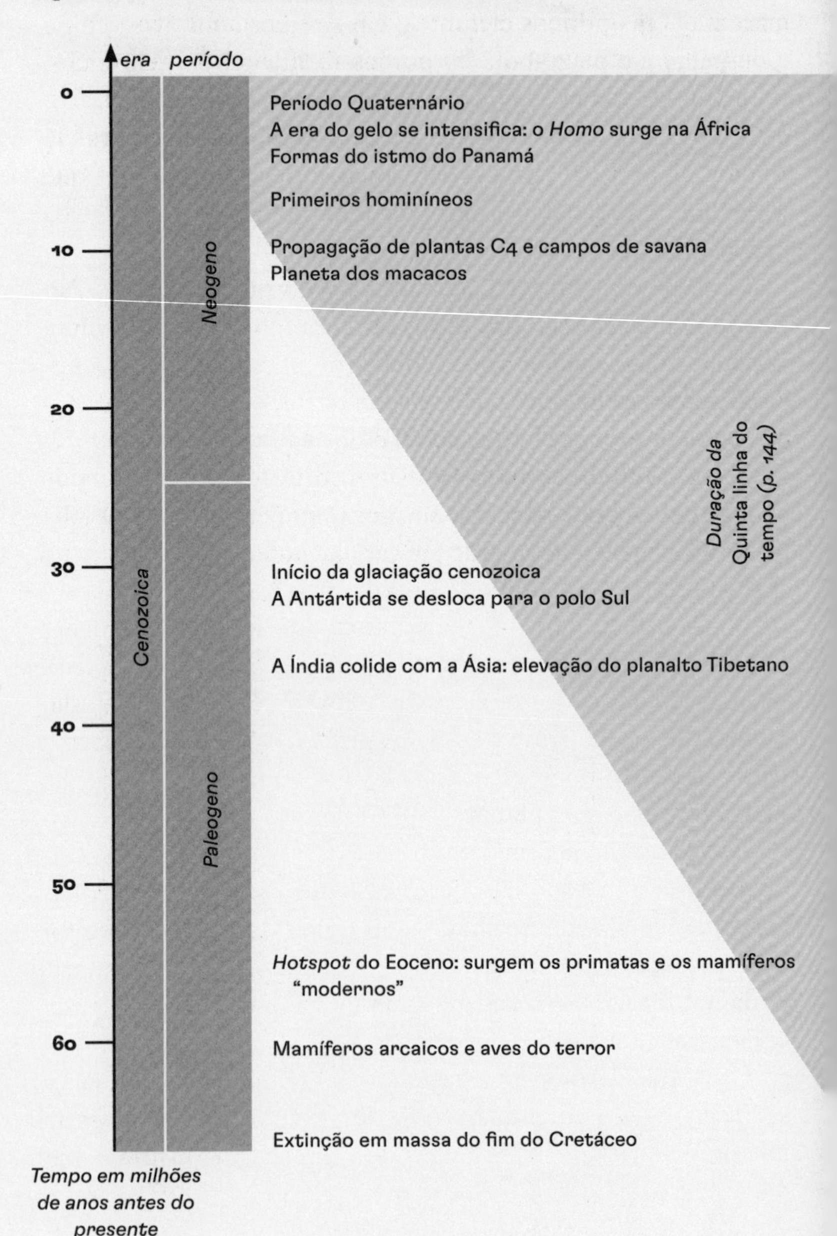

Planeta dos macacos

A coreografia da deriva continental é lenta e impiedosa.

Há cerca de 30 milhões de anos, o continente da Antártida se libertou da Pangeia e derivou ao sul a ponto de ficar completamente cercado pelo oceano. O efeito desse evento único no clima da Terra foi profundo e duradouro. Pela primeira vez, era possível que uma corrente marítima girasse ininterruptamente ao redor do novo continente. Ela impedia que a água aquecida nos trópicos chegasse às costas então amenas da Antártida. Um vento gelado pairava sobre os picos irregulares e cobertos de árvores dos montes Transantárticos, uma das cordilheiras mais formidáveis do planeta.

Isso permitiu que em determinado ano a neve que havia caído durante o inverno não derretesse por completo na primavera, permanecendo no chão o ano todo. Mais neve caiu e foi acumulada, camada sobre camada, século após século, comprimida até formar um gelo contínuo que não derretia. Geleiras começaram a se formar nos altos vales.

Conforme a Antártida continuava a se deslocar para o sul, o sol ficava cada vez mais baixo no solstício de verão e as noites de inverno se tornavam mais longas. Por fim chegou o ano em que o sol do inverno não apareceu, e o continente passou seis meses sob uma escuridão ininterrupta. As geleiras cresceram tanto que enterraram e cobriram as cadeias de montanhas em cujos vales haviam crescido. Paredes de gelo se espalharam pelas planícies, apagando tudo em seu caminho. O litoral não as barrava. O gelo marchou sobre o oceano, formando plataformas glaciais no mar e icebergs para esfriar ainda mais o oceano da região.

Dentro de alguns milhões de anos, um continente que já tinha sido exuberante e verde tornou-se um deserto seco e gelado demais para todos, exceto para o tipo de vida mais primordial — liquens e musgos — e, mesmo assim, apenas nas regiões mais protegidas do Norte, nas bordas da terra. Os mares que o cercavam, porém, fervilhavam de vida.

A história foi parecida no extremo norte do planeta, mas, curiosamente, ao contrário. Ali os continentes, que seguiam derivando para o norte, cercavam o oceano Ártico de modo que pouca água quente do Sul chegava até eles. Uma calota de gelo permanente começou a se formar no mar setentrional, como se imitasse a outra muito maior que havia em terra, no extremo sul. Depois de muitos milhões de anos livre do gelo polar, a Terra voltou a ter calotas polares definitivas.

As consequências foram percebidas no mundo todo. Antes o planeta tinha uma temperatura tolerável em quase todos os lugares, mas agora surgia no clima um gradiente acentuado entre os polos e os trópicos. Os ventos sopraram com força. O clima tornou-se mais variável, mais sazonal e mais frio.

Era o fim do planeta selva que os primeiros primatas chamavam de lar.[1]

As selvas se dividiram em florestas fragmentadas e isoladas. Grandes planícies começaram a aparecer nos espaços entre elas, cobertas com um novo tipo de planta: a gramínea.[2] Crescendo de baixo para cima, em vez de crescer de cima para baixo, a gramínea podia ser cortada continuamente sem morrer. Esse estranho e novo dom logo foi aproveitado por animais que se desenvolveram para pastar, um trabalho mais difícil que somente beliscar as folhas tenras das árvores da selva, como faziam antes. Isso porque as gramíneas são ricas em sílica, um mineral que lixa os dentes enquanto o animal as mastiga.

Os ungulados, que haviam se adaptado para explorar as florestas, agora desenvolviam mandíbulas mais profundas e dentes com muitas cúspides, capazes de cortar essa comida arenosa. À medida que evoluíam, se tornavam maiores e faziam ressoarem nas planícies os trovões emitidos pelos cascos dos cavalos e pelas patas de rinocerontes gigantescos.

Os descendentes das criaturinhas semelhantes a hipopótamos que pastavam nos pântanos e nas várzeas da África se mudaram para o solo seco e duro e se tornaram elefantes. Maiores e cada vez mais poderosos, eles chegaram à savana. No rastro dos rebanhos vieram os predadores.

Os primatas também se adaptaram. Muitos permaneceram nas florestas que encolhiam, vivendo de modo cada vez mais marginal, mas alguns começaram a complementar a vida nas árvores com passagens incidentais pelo solo. Como os ungulados, eles também se tornaram maiores: ser um macaco brincalhão que corre tornou-se uma decisão mais acertada dos símios.

No Mioceno, o Velho Mundo se transformou no planeta dos nacacos. Os fragmentos de florestas ralas e as terras áridas ao redor delas ressoavam com os gritos e rugidos símios. O *Ouranopithecus*[3] se balançava na Grécia, enquanto o *Ankarapithecus*[4] se pendurava na Turquia. O *Dryopithecus* patrulhava a Europa central; *Proconsul*, *Kenyapithecus* e *Chororapithecus* exploravam a África, onde um parente dos últimos deu origem ao gorila.[5] O *Lufengpithecus* vivia nas florestas da China, e o *Sivapithecus*, no sul da Ásia, onde seus parentes por fim recuaram para as últimas selvas e, por meio do *Khoratpithecus*, na Tailândia,[6] deram origem aos orangotangos.

Alguns desses macacos eram tão grandes que não conseguiam mais correr pelos galhos que antes tinham sido suas estradas.[7] Em vez disso, eles passaram a adotar diferentes posturas, como se pendurar pelos longos braços de galho em galho ou ir se esticando e escalando. Com o tempo, alguns deles, como o *Danuvius*, da Europa Central, optaram por uma postura mais ereta.[8]

Nem todos esses ensaios foram totalmente bem-sucedidos no longo prazo. O *Oreopithecus*, abandonado em uma ilha do Mediterrâneo que um dia se tornaria a Toscana, tentou ficar de pé.[9] Mesmo assim foi extinto.

E a Terra continuava esfriando. As florestas encolheram ainda mais, levando a maioria dos macacos remanescentes a se refugiar nas matas remotas da África Central e do Sudeste Asiático.[10] Para os demais, a escolha era dura: ser banido do éden ou ser extinto. Os refugiados levaram pouco consigo, quase nada além de uma tendência a se levantar sobre os membros posteriores e andar.

Há 7 milhões de anos, os descendentes do éden passaram a andar melhor do que escalar. O clima cada vez mais frio transformara criaturas pequenas em grandes símios; e, depois, grandes símios em ainda outra coisa. Como tantas vezes antes, a incansável Terra, voltando do sono, sacudiu sua fina colcha da vida, e esta fez o possível para se segurar. Os macacos restantes, impulsionados por forças mais poderosas do que qualquer um deles poderia ter imaginado, deram seus primeiros passos na longa jornada em direção à humanidade.

O andar ereto como um hábito, e não apenas de modo esporádico, é a marca mais antiga dos hominíneos — a linhagem humana.[11] Os primeiros hominíneos surgiram no final do Mioceno, cerca de 7 milhões de anos atrás. Um deles foi o *Sahelanthropus tchadensis*,[12] uma criatura que forrageava ao longo das margens do lago Chade, na África Ocidental. A região já foi exuberante, e o lago, um dos mais extensos do mundo. Mas, depois, a tendência do clima a ficar mais seco só se acentuou: o lago diminuiu até virar um pequeno vestígio de seu antigo eu, e a paisagem circundante tornou-se um deserto inóspito e devastado.[13] Mas o *Sahelanthropus* não estava sozinho. Na África Oriental, há cerca de 5 milhões de anos, viviam outros bípedes, como o *Ardipithecus kadabba*,[14] da Etiópia, e o *Orrorin tugenensis*, do Quênia.[15] Portanto, para os primatas, o andar ereto, assim como a maioria das outras inovações da Pré-História humana, surgiu na África.[16]

Para nós, ficar de pé e andar é tão fácil e tão natural que não lhe damos o devido valor. Muitos mamíferos podem ficar de pé por pouco tempo e até andar. Mas é preciso esforço, então logo voltam a ficar de quatro, o estado típico dos mamíferos.* Os hominíneos são diferentes. Andar ereto é seu padrão — a locomoção em quatro apoios, usando as mãos e os pés para andar, é, em contraste, antinatural e difícil. A adoção do bipedalismo por uma linhagem de grandes símios que vivia nas margens dos rios e nas fronteiras das florestas da África há 7 milhões de

* E algo que os bebês ainda mantêm.

anos foi um dos eventos mais notáveis, improváveis e enigmáticos de toda a história da vida. Ela exigiu uma reengenharia completa de todo o corpo, da cabeça aos pés.

O orifício por onde a medula espinhal entra no crânio migrou da parte de trás (onde é encontrado nos quadrúpedes) para a base da cabeça. Essa característica, e muitas outras coisas, fazia do *Sahelanthropus* um hominíneo. Ou seja, ao andar sobre os membros posteriores seu rosto ficava voltado para a frente, e não para cima, para o céu, e o crânio se equilibrava no topo da coluna vertebral em vez ficar apoiado em uma de suas extremidades.

Os efeitos da mudança no resto do corpo foram igualmente profundos. Quando a coluna vertebral surgiu, há meio bilhão de anos, era uma estrutura mantida horizontalmente, sob tensão. Nos hominíneos, ela se deslocou em noventa graus, passando a ser vertical, sob compressão. Nunca houve uma alteração tão radical nos requisitos de engenharia da coluna vertebral desde que ela surgira, o que só pode ser considerado como uma má adaptação — evidência disso são os problemas nas costas, que constituem uma das causas mais custosas e frequentes de doenças humanas hoje em dia. Os dinossauros foram muito bem sucedidos como bípedes, mas o fizeram de uma maneira diferente: eles mantinham a coluna na horizontal, usando a cauda longa e rígida como contrapeso. Já os hominíneos, como os grandes símios, não tinham cauda e se tornaram bípedes do modo mais árduo.

As coisas eram ainda piores para as fêmeas grávidas, que tiveram de se ajustar a uma carga cada vez mais instável e inconstante — uma condição que deixou sua marca no desenvolvimento humano. Não é de se admirar que, durante a maior parte da história, as fêmeas humanas adultas — das quais a continuação da espécie depende — tenham passado a vida grávidas ou amamentando.[17] Para piorar: em proporção à altura total, as pernas dos hominíneos tendem a ser mais longas que as dos macacos. Isso torna a locomoção mais eficiente em termos energéticos, mas há um custo. O feto fica ainda mais alto em relação ao solo, elevando o centro de massa e aumentando a instabilidade.

Como se não bastasse, um hominíneo tem de se mover levantando um pé do chão, deslocando o centro de massa bruscamente e então corrigindo-o antes de cair — e tem que fazer isso a cada passo que dá, o que requer um grau notável de controle. Para tanto, o cérebro, os nervos e os músculos funcionam em sincronia perfeita, a ponto de não nos darmos conta.

Os primeiros hominíneos pareciam insignificantes comparados a alguns dos animais com que compartilhavam o mundo. Mas, na verdade, eram os caças de elite do reino animal. Os quadrúpedes podem retumbar, correr e até girar rapidamente, mas essas ações no geral precisam do torque proporcionado por uma cauda longa e agitada, como se vê durante a caça de um guepardo.[18] Animais com uma perna em cada extremidade são como aviões de carga que, quando posicionados na direção certa, prosseguem em voo inabalável. Os seres humanos, sem esses apoios, são como aviões de combate — manobráveis de forma quase sobrenatural em detrimento da estabilidade: apenas os melhores pilotos conseguem controlar os jatos mais rápidos. Os hominíneos não só andavam igual aos dinossauros; eles também dançavam, desfilavam, giravam e davam piruetas.

No final, os ganhos do bipedalismo foram enormes. E o começo é extraordinário. Um testemunho da improbabilidade do bipedalismo enquanto proposição é o fato de que os hominíneos estão entre os poucos mamíferos para os quais andar sobre duas pernas é algo natural —[19] uma raridade ressaltada pelo desamparo de qualquer humano subitamente privado do uso de um de seus membros posteriores.[20] Depois que entraram na estrada erma que levava ao bipedalismo, a seleção natural garantiu que eles se tornassem muito bons nisso, e bem depressa.

A caminhada humana é uma das maravilhas subestimadas do mundo moderno. Hoje, os cientistas são capazes de desvendar a estrutura de partículas subatômicas, detectar o rumor e o rangido da fusão de buracos negros a milhões de anos-luz de distância e até mesmo perscrutar os primórdios do universo. No entanto, nenhum robô é capaz de imitar a graça natural e atlética de um ser humano comum enquanto anda.

A questão persiste: *por quê?* A resposta fácil é que o bipedalismo é apenas um dos muitos modos peculiares de locomoção que os macacos tentaram ao longo de milhões de anos, incluindo se pendurar usando braços longos, como os gibões; escalar usando os quatro membros como mãos, como fazem os orangotangos; e o singular nodopedalismo dos chimpanzés e gorilas. Mas por que os hominíneos tentaram o andar bípede, em vez de qualquer outra maneira de ir de um lugar para outro, ainda é uma incógnita. Certamente, a vida em um descampado não exige isso. Muitos símios grandes, como os *Macaca* e os babuínos, vivem em campo aberto e mantiveram as quatro patas firmemente plantadas no chão duro e seco.

As sugestões de que o bipedalismo libertou as mãos para, digamos, fazer ferramentas ou segurar bebês, também não se sustentam, dado que muitos conseguem realizar as duas coisas sem ter feito a mudança completa para o bipedalismo. Quanto aos primeiros hominíneos, o máximo que se pode dizer é que eles talvez fossem parcialmente pré-adaptados ao bipedalismo em virtude de um modo de escalar árvores na posição ereta, uma postura mais parecida com a usada para andar no chão. Para eles, caminhar talvez fosse como escalar galhos — mas sem os galhos.

✷

De qualquer forma, muitos mantiveram a capacidade de escalar. Os pés de um dos primeiros, o *Ardipithecus ramidus*, que viveu há 4,4 milhões de anos na Etiópia,[21] tinham dedos grandes divergentes, que, como os polegares, sugerem uma capacidade de preensão — a marca de uma criatura mais à vontade nas árvores do que andando confortavelmente à sombra delas, no solo.[22] Outra espécie, o *Australopithecus anamensis*, que viveu na África Oriental entre 4,2 milhões e 3,8 milhões de anos atrás, também era primitiva em muitos aspectos, mas dominava melhor o chão.[23]

O *Australopithecus anamensis* sobrepôs-se no tempo a uma série de outras espécies semelhantes. Uma delas, o *Australopithecus afarensis*, viveu na mesma região entre 4 milhões e 3 milhões de anos atrás[24] e ainda se saía melhor como bípede. Foi um dos mais bem-sucedidos entre todos os primeiros hominíneos, uma vez que ocupou regiões além da África Oriental e, em seu ponto mais a oeste, foi encontrado no Chade.[25] Não importa por onde perambulasse, fazia isso de forma tão ereta como o fazemos hoje,[26] ainda que fosse um escalador hábil.[27]

Nada disso deveria dar a impressão de que espécies cada vez mais bípedes substituíam umas às outras de maneira ordenada e predeterminada. Os hominíneos estavam espalhados pelas savanas da África Oriental e preferiam viver em um ambiente misto entre pastos, campos gramados, campos arbustivos e florestas sombreadas perto da água,[28] com algumas espécies que gostavam mais de árvores do que outras. Até 3,4 milhões de anos atrás, hominíneos que se penduravam em árvores, semelhantes ao *Ardipithecus*, ainda viviam na floresta.[29]

Ou seja, para todos esses primeiros seres, andar ereto era parte de uma rotina diária que incluía escalar e, talvez, fazer ninhos nos galhos das árvores, como os macacos fazem ainda hoje. A mistura não se restringiu ao ambiente, influenciando também a dieta. Alguns hominíneos começavam a incorporar alimentos mais duros, como nozes e tubérculos, na dieta tradicional dos primatas, que incluía frutas, folhas frescas e insetos. A resposta evolutiva os levou a mudanças comparáveis às observadas nos ungulados da savana: maçãs do rosto dilatadas para acomodar enormes músculos de mastigação, mandíbulas profundas e dentes em forma de lápides. Diversas espécies altamente especializadas desse tipo, agrupadas sem muita precisão no gênero *Paranthropus*, apareceram na África entre cerca de 2,6 milhões e 600 mil anos atrás. Essas criaturas típicas da savana viviam ao lado de hominíneos mais generalizados — várias espécies de *Australopithecus* e nosso próprio gênero, *Homo* —,[30] alguns dos quais se afeiçoaram a pratos mais suculentos.

Em algum momento há cerca de 3,5 milhões de anos, certos hominíneos desenvolveram gosto por carne, geralmente obtida de presas de outros animais. Nenhum hominíneo primitivo tinha dentes ou garras para competir com um leão ou leopardo, mas eles haviam começado a lascar pedras, a fazer ferramentas afiadas e a aperfeiçoar a arte da carnificina.[31]

As primeiras ferramentas não passavam de pedras lascadas,[32] mas seu impacto na vida humana seria profundo. A visão binocular aguçada dos primatas, herdada de ancestrais arborícolas do Eoceno — combinada com uma pedra atirada com as mãos livres da necessidade mundana da locomoção —, poderia esmagar o cérebro de um leão necrófago ou dispersar abutres de cima de uma carcaça. Mesmo antes do desenvolvimento da culinária, o uso dessas ferramentas simples de pedra para cortar carne e triturar matéria vegetal aumentava significativamente os nutrientes disponíveis para criaturas[33] que precisavam usar criatividade infinita a fim de manter a ameaça perpétua de fome sob controle. Ao serem soltas de ossos longos, estilhaçados por pedras, a carne e a medula repletas de proteínas e gorduras vitais podiam ser digeridas mais facilmente que raízes fibrosas e nozes, que exigem uma mastigação implacável. Os hominíneos que comiam carne e gordura tinham dentes e músculos de mastigação menores. A energia que economizavam era destinada ao crescimento do cérebro; o tempo, a fazer outras coisas além de coletar alimentos e mastigá-los.

A fome, porém, seguia sempre no encalço. Ocorreu a alguns desses hominíneos em seus momentos de lazer que a carne poderia ser mais suculenta se fosse capturada fresca em vez de obtida de restos já muito mastigados por outros animais. Eles aprenderam a fazer ferramentas de pedra melhores.

Acima de tudo, deram um passo que seria tão revolucionário quanto ficar de pé havia sido para seus agora distantes ancestrais da floresta: aprenderam a correr.

QUINTA LINHA DO TEMPO — SURGEM OS HUMANOS

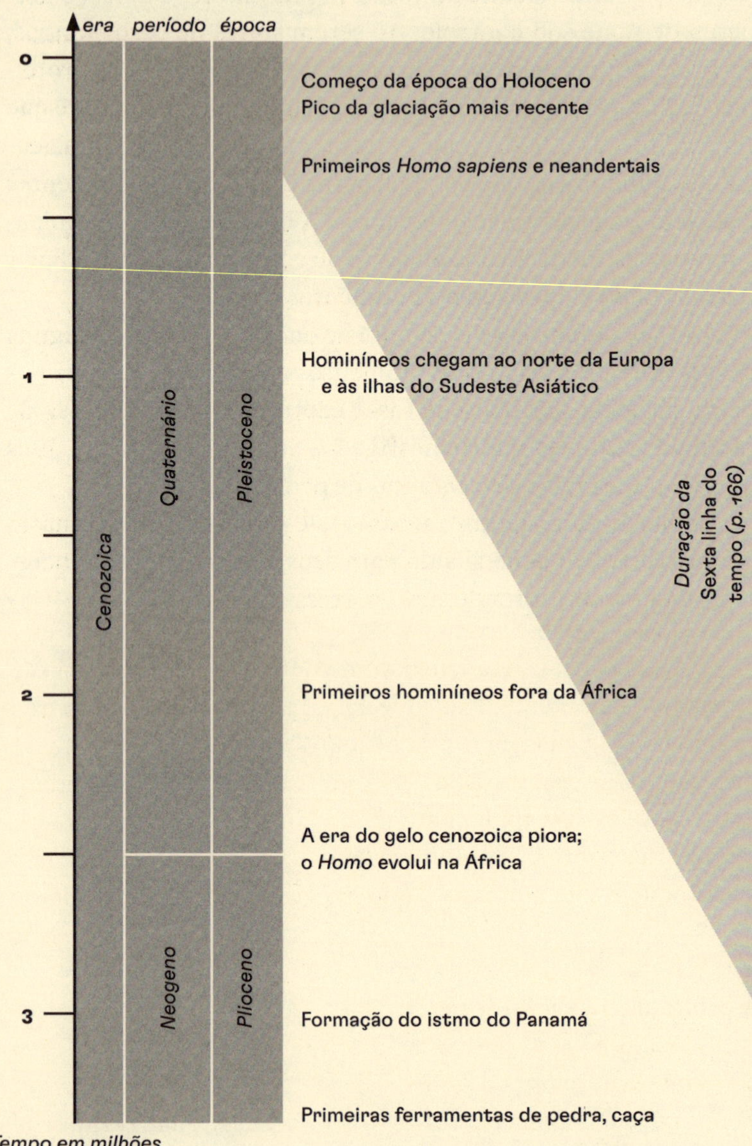

Pelo mundo todo

Depois de mais de 50 milhões de anos, o longo e lento declínio da temperatura da Terra estava prestes a atingir seu nadir.

Tudo estava no lugar certo.

No extremo sul, uma corrente circumpolar trancou a Antártida em congelamento profundo. No extremo norte, os continentes convergentes aprisionaram o oceano Ártico em seu próprio inferno gélido. Mas havia mais por vir.

O sinal da destruição veio do espaço. Não em um impacto repentino, como aquele que levara o reinado dos dinossauros ao fim ardente, mas na forma de uma série de mudanças quase imperceptíveis na órbita da Terra em torno do Sol. Tais mudanças sempre estiveram lá, em segundo plano, mas, geralmente, seus efeitos sobre os habitantes do planeta eram tão pequenos que ninguém se importava. Tudo isso estava prestes a mudar.

A órbita da Terra em torno do Sol não é perfeitamente circular, mas um pouco elíptica. Se a órbita fosse circular, a Terra permaneceria sempre a uma distância fixa do Sol. Mas, como é elíptica, a distância da Terra ao Sol varia ao longo do ano: às vezes ela está mais perto dele, às vezes menos. Esse desvio do círculo perfeito, conhecido como excentricidade, é originado da interação gravitacional da Terra com os outros planetas fazendo suas próprias viagens ao redor do Sol.

Quando está mais próxima, a Terra fica a 147 milhões de quilômetros do Sol. Em seu ponto mais distante, são 152 milhões de quilômetros. Isso é bem pouco na escala do universo. No entanto, às vezes, a órbita da Terra se torna mais excêntrica — mais esticada —, de modo que a distância mais próxima chega a 129 milhões de quilômetros do Sol e a mais distante atinge 187 milhões. É como se a órbita da Terra "inspirasse" e "expirasse" lentamente. Cada respiração completa dura 100 mil anos. Quanto mais esticada a órbita, mais extremo o clima, pois o planeta fica muito mais perto que o usual das fornalhas do Sol e se aventura mais longe, na longa escuridão do espaço profundo.

Ao mesmo tempo, a inclinação do eixo da Terra oscila com relação ao seu plano de translação em torno do Sol.

A mudança das estações e a divisão da Terra em faixas climáticas são consequências de sua inclinação axial. Durante o verão do norte, o polo Norte fica inclinado em direção ao Sol, em um ângulo de 23,5 graus. Ou seja, todos os lugares ao norte da latitude 66,5 graus —[1] o Círculo Polar Ártico — ficam continuamente banhados pelo sol. Da mesma forma, no inverno da região, quando o hemisfério Norte está inclinado para longe do Sol, o Ártico definha na escuridão total. No hemisfério Sul, no Círculo Antártico, acontece o contrário 66,5 graus ao sul. Os trópicos de Câncer e de Capricórnio, nas latitudes 23,5 graus norte e sul, respectivamente, delimitam ao norte e ao sul do equador o intervalo no qual o Sol está a pino ao meio-dia.

Esse valor atual de 23,5 graus é uma espécie de meio-termo. A inclinação axial pode variar entre 21,8 e 24,4 graus em um período de cerca de 41 mil anos e ela afeta a sazonalidade. Quando é maior, os verões são — em média — ligeiramente mais quentes, e os invernos, mais frios; o domínio do Ártico e da Antártida será maior; e, nos trópicos, no ápice do verão, o Sol estará a pino ao meio-dia em latitudes mais altas. Em outras palavras, o clima da Terra se torna um pouquinho mais extremo. Quando a inclinação do eixo é inferior a 23,5 graus, o clima geralmente fica mais ameno.

O terceiro fator é a precessão, movimento em que o próprio eixo da Terra circula, embora muito mais lentamente que o ciclo diário de rotação. A precessão é muito parecida com o modo de um pião voltear inclinado à medida que gira. Esse ciclo leva cerca de 26 mil anos para ser concluído. Pode ser observado, pelos mais pacientes, por um movimento lento do polo que desenha um círculo no céu. Atualmente, o polo Norte parece apontar, mais ou menos, para Polaris, a Estrela Polar da constelação da Ursa Menor. Por causa da precessão, no entanto, com o tempo, Polaris será substituída por Vega, na constelação de Lira, outra estrela do norte proeminente.[2] Qualquer um poderá visualizar com clareza esse fenômeno, desde que esteja disposto a esperar 13 mil anos.

Como consequência desses três ciclos, cada um complementar aos demais, a quantidade de luz solar recebida nos diversos pontos do planeta muda de maneira periódica. O resultado é que a Terra passa por uma onda de frio a cada 100 mil anos, em média.*

* Isso foi calculado por um matemático chamado Milutin Milankovic (1879-1958), que fez tudo sem computador. Imagine só.

Por milhões e milhões de anos a órbita respirou, oscilou e se inclinou dessa maneira, e o efeito geral foi muito pequeno. Ou tinha sido — até cerca de 2,5 milhões de anos atrás. Até então, o que acontecia no solo significava mais para os seres vivos: questões como a fusão e a separação dos continentes, com a consequente perturbação da química dos oceanos e da atmosfera, eram mais relevantes. Há 2,5 milhões de anos, entretanto, o impacto do mecanismo celestial foi amplificado, em vez de dissipado, pela situação terrestre.

Com o gelo já nos polos, as condições eram perfeitas. O mecanismo cósmico e a deriva continental trabalharam juntos, levando o planeta inteiro a uma série de eras glaciais. Elas começaram suaves, mas tornaram-se, em geral, mais severas, e continuam até os dias atuais. Os episódios glaciais duram cerca de 100 mil anos, com um intervalo de 10 mil a 20 mil anos em que o clima pode se tornar, brevemente, muito quente e até tropical, mesmo em altas latitudes.

A época mais gélida da onda de frio mais recente foi há 26 mil anos. Grande parte do nordeste da América do Norte foi enterrado sob o que é conhecido como camada de gelo Laurentide, e o oeste, sob a camada de gelo da Cordilheira. A maior parte do noroeste da Europa definhava sob a camada de gelo Escandinava. Dos Alpes aos Andes, as cordilheiras gemiam sob as geleiras. Grande parte do restante do hemisfério Norte não glacial era uma mistura de estepe com tundra seca, ambas sem árvores e varridas pelo vento.

Toda aquela água congelada tinha de vir de algum lugar: o nível médio do mar era 120 metros mais baixo do que é hoje. Atualmente, estamos há 10 mil anos em um período quente, e o nível médio do mar está mais alto, em média, do que foi por cerca de 2 milhões de anos.

As mudanças climáticas trazidas pelas eras glaciais foram muito rápidas e, no mínimo, perturbadoras. Os maiores contrastes podem ser vistos na Grã-Bretanha, que fica no extremo oeste do continente da Eurásia e, portanto, é altamente sensível às mudanças no oceano e aos ventos predominantes do oeste. Meio milhão de anos atrás, a Grã-Bretanha foi enterrada sob uma camada de gelo de um quilômetro e meio de espessura. Em contraste, há 125 mil anos o clima era tão quente que os leões caçavam veados nas margens do Tâmisa, e os hipopótamos chafurdavam tão ao norte quanto o rio Tees. Quarenta e cinco mil anos atrás, a Grã-Bretanha era formada por estepes sem árvores onde renas vagavam no inverno e bisões no verão.* Há 26 mil anos, era frio demais até para as renas.[3]

Essas mudanças abruptas no clima variaram ainda mais por causa das correntes marítimas e da própria presença do gelo.

O principal motivo por que a Grã-Bretanha tem um clima ameno hoje, considerando sua latitude relativamente ao norte, é que ela é banhada por uma corrente marítima quente advinda mais ou menos do nordeste das Bermudas. Quando essa corrente atinge a ampla região da Groenlândia, ela encontra a água polar do norte, esfria, entrega seu ar quente à atmosfera e — uma vez que a água fria é mais densa que a quente — afunda, se deslocando novamente para o sul e integrando um sistema mundial de correntes marítimas profundas.

O clima da Grã-Bretanha é extremamente suscetível à latitude em que a corrente norte esfria e afunda. Se ela passasse muito mais ao sul do que passa agora, o clima da região seria muito mais frio. Durante as épocas mais frias das eras glaciais, essa corrente não ultrapassava a altura da Espanha. Ou seja, o clima

* Essa é uma das minhas poucas descobertas genuínas, que se encontra, jamais lida, em minha tese de doutorado.

da Grã-Bretanha era mais parecido com o do norte do território canadense de Labrador do que com o estado de equilíbrio atual.

A corrente marítima profunda é impulsionada no mundo todo não apenas pelo calor, mas também pela salinidade. Quanto mais salgada for a água da corrente quente com direção nordeste no Atlântico Norte, mais densa ela será e mais afundará quando chegar à Groenlândia. Um efeito colateral disso é que o gelo, que flutua, tende a ser menos salgado do que o mar em geral.[4]

Um problema surgiu no fim do último episódio glacial, quando uma tendência de aquecimento resultou na separação de icebergs da camada de gelo Laurentide em direção ao Atlântico Norte. O súbito despejo no mar de enormes quantidades de água fria e doce tornou o mar menos salgado, fazendo com que a movimentação de água nos oceanos profundos ficasse menor.[5] O resultado foi uma série de curtas ondas de frio, dentro da tendência de aquecimento.

Quanto ao gelo em si, ele é muito brilhante e reflete a luz do sol. Quanto mais gelo houver, mais luz solar será refletida de volta ao espaço e menos o solo será aquecido, o que deixa mais gelo sem derreter, fazendo com que reflita mais luz solar; e assim continuamente, em um ciclo de retroalimentação.

Todos esses fatores mostram que os efeitos do majestoso mecanismo celestial são menos perfeitamente previsíveis do que se poderia imaginar, e as mudanças climáticas podem ser muito repentinas. No final da última glaciação, cerca de 10 mil anos atrás, o clima da Europa passou de subártico para temperado no intervalo de uma vida humana.

As mudanças dramáticas no clima foram mais severas nas margens continentais próximas dos polos, mas seus efeitos também puderam ser sentidos nos trópicos, onde as várias espécies de hominíneos viviam, ainda que precariamente, nas savanas e fronteiras florestais da África. A ideia de camada de gelo em si ainda não havia perturbado seus sonhos mais sombrios. O problema imediato era que o clima, já seco, tornava-se ainda mais árido.

E tudo aconteceu, meio de repente, cerca de 2,5 milhões de anos atrás.[6]

A floresta mirrou.

Os animais de caça se tornaram mais raros, mais ariscos, mais difíceis de localizar e matar.

Para os hominíneos, não era mais possível viver um tipo de existência diletante, cavando raízes aqui, catando carcaças ali. As várias espécies de *Paranthropus* continuaram obstinadas a cavar, esmagando nozes e tubérculos em suas poderosas mandíbulas, mas a vida para eles só ficou mais difícil. Chegou o momento em que os grupos de *Paranthropus* se tornaram raros e, por volta de meio milhão de anos atrás, quando o norte da Europa e a América do Norte gemeram sob o maior peso de gelo até então, eles desapareceram da savana.

Nessa época apareceu um novo hominíneo, muito diferente de tudo que existira até então. Era mais alto que qualquer espécie anterior. Mais inteligente. Assumiu a postura bípede que os outros haviam adotado milhões de anos antes e a aperfeiçoou. Enquanto o *Paranthropus* se tornara especialista em ser vegetariano e outros hominíneos, coletores e necrófagos oportunistas, essa nova linhagem se desenvolveu para ser um predador da savana.

O nome dessa criatura é *Homo erectus*.

Comparado com os hominíneos anteriores, o *Homo erectus* era construído em um chassi totalmente diferente. Como o nome sugere, era muito mais alto e mais ereto. Seus quadris eram mais estreitos e suas pernas, proporcionalmente mais longas, o que tornava a caminhada mais eficiente. Seus braços eram mais curtos: a escalada era bem menos importante na rotina diária. Embora os hominíneos já fossem bípedes havia 6 milhões de anos, eles sempre mantiveram alguma habilidade nas árvores. O *Homo erectus* foi o primeiro hominíneo a se comprometer inteiramente com a vida sobre duas pernas.

Esse compromisso trouxe uma série de outras mudanças. O *Homo erectus* consumia muito mais carne em sua dieta. Como vimos, a carne é mais fácil de digerir que a matéria vegetal e contém um número maior de nutrientes e calorias disponíveis. O *Homo erectus* tinha um intestino reduzido e podia se dar ao luxo de ter um cérebro maior. Este último é importante, pois o funcionamento do cérebro custa caro. Ele representa um quinquagésimo da massa do corpo, mas consome um sexto de toda a energia disponível.

Devido ao intestino reduzido, o *Homo erectus* tinha uma cintura mais definida que a de seus ancestrais, sendo um tanto atarracado e barrigudo. Seus quadris eram mais altos e estreitos, permitindo que o torso girasse facilmente em relação às pernas. Ao mesmo tempo, mantinha a cabeça alta, sobre um pescoço bem mais definido. Ou seja, o *Homo erectus* podia fazer algo novo: podia *correr*, balançando os braços no sentido oposto ao das passadas das pernas, mantendo os olhos e a cabeça voltados para a frente, em direção a sua meta.

A corrida tornou-se muito importante. Embora o *Homo erectus* fosse um velocista ruim se comparado, digamos, com um guepardo ou um impala, ele se destacava no quesito resistência. Por ser muito paciente, o *Homo erectus* podia perseguir grandes presas por quilômetros, durante horas, até que a presa desmoronasse de hipertermia.[7]

Os caçadores sentiam o calor bem menos que suas presas. Isso acontecia, em parte, porque o *Homo erectus* havia ficado muito menos peludo que a maioria dos outros mamíferos. Ou seja, tinha a mesma quantidade de cabelo, mas ele era fino e muito curto. Os espaços entre os fios eram preenchidos com glândulas sudoríparas que expeliam água e resfriavam o corpo por evaporação — algo que os animais peludos não podiam fazer.

Apesar desses feitos impressionantes, era preciso mais de um caçador franzino e sem pelos para subjugar um antílope à distância, mesmo se estivesse à beira da morte. Mais do que em qualquer outro momento da história dos hominíneos, era importante que os caçadores trabalhassem em grupos.

E a coesão que era vital para a matança surgiu em casa.

O *Homo erectus*, semelhante a muitos predadores de campo aberto, como cães de caça, era um animal social. Tinha inclinação para atividades como exibição sexual, violência extrema e culinária.

Em algum momento de sua evolução, várias tribos* de *Homo erectus* aprenderam a usar o fogo. Descobriram, no ato de cozinhar, uma experiência saborosa e sociável. Na época, eles não estavam cientes de que cozer os alimentos liberava mais nutrientes e matava parasitas ou doenças da comida crua. As tribos que usavam o fogo viviam mais tempo, com mais saúde e produziam mais descendentes do que aquelas que não usavam. Por fim, as tribos que não usavam o fogo desapareceram.

A existência desses grupos significava que, até certo ponto, o *Homo erectus* era territorial. Os primatas, mais do que quaisquer outros mamíferos, são propensos à violência, até mesmo

* O termo "tribo" nesse sentido refere-se a um grupo distinto de indivíduos ligados por parentesco e tradição que vivem mais ou menos no mesmo lugar e são distintos culturalmente e, em parte, geneticamente de outros grupos semelhantes.

ao assassinato.[8] Os hominíneos são os mais assassinos de todos. Ao mesmo tempo, são amantes tanto quanto são lutadores, parte de um conjunto de características que inclui estrutura, exibição sexual e social... e a relativa falta de pelos dos caçadores de clima quente.

A falta de pelos permite diminuir bem o calor. Junto com a postura bípede, também expõe as partes mais delicadas do ser humano à visão geral. A exibição sexual pública pode explicar o fato intrigante de que os machos humanos têm pênis muito maiores, em relação à massa corporal, do que outros macacos.

A exibição sexual — e a necessidade de coesão do grupo — também pode explicar por que os seios das fêmeas humanas são proeminentes em todos os momentos, não apenas durante a amamentação. Em outros mamíferos, as tetas murcham até praticamente desaparecer quando a fêmea não está amamentando.

Da mesma forma, a genitália das fêmeas humanas tem a mesma aparência, não importa se estão ovulando ou não. Em outros primatas, a genitália externa da fêmea no geral fica muito inchada durante o cio, tornando seu status reprodutivo evidente para qualquer membro do grupo. Nos humanos, o status reprodutivo de uma fêmea é oculto a tal ponto que, muitas vezes, a própria fêmea não o conhece.

Nos humanos, não existe uma "estação de acasalamento", durante a qual machos e fêmeas fazem sexo aos olhos do público, como ocorre em outros mamíferos. Essa é, em parte, uma forma de demonstrar e impor a posição social. Os humanos, em contraste, podem ser férteis (ou não) em qualquer época do ano e preferem fazer sexo quando outros membros do grupo não estão assistindo.

Embora sejam altamente sociais e sociáveis, os humanos tendem a formar pares com vínculo estável para a criação da prole. Os sistemas de acasalamento variam muito, mas a regra geral é que um macho e uma fêmea formam um vínculo que dura os muitos anos necessários para criar os filhos.

Isso se reflete no grau mais ou menos limitado de diferença física entre machos e fêmeas — conhecido como dimorfismo sexual. Nas espécies animais em que os machos tendem a monopolizar um grande grupo de fêmeas, os machos são muito maiores que as fêmeas. Isso acontece nos gorilas, macacos que vivem em pequenos grupos em que um harém de pequenas fêmeas é dominado por um único macho grande.[9] Machos humanos tendem, em média, a ser maiores que as fêmeas, mas essa diferença é pequena. Em humanos, o dimorfismo sexual é muito menos relacionado à massa corporal do que à distribuição de pelos corporais e gordura subcutânea.

Se os humanos formam pares com vínculo estável, por que os machos humanos têm pênis tão grandes e por que os seios das fêmeas são sempre proeminentes, como se indivíduos de ambos os sexos estivessem sempre anunciando sua disponibilidade? Além disso, por que a genitália feminina é sempre discreta, independentemente do status reprodutivo? Por que o cio está sempre escondido e o sexo acontece em particular? Se as ligações dos pares fossem totalmente estáveis, nada disso deveria importar.

A resposta é que, embora os casais sejam bons para a criação imediata da prole, os humanos se entregam ao adultério muito mais do que geralmente se acredita. Diz-se que é preciso uma aldeia para criar uma criança, e isso é especialmente verdadeiro para as crianças hominíneas, que nascem em um estado relativamente desamparado e subdesenvolvido.

A cooperação entre as famílias será favorecida se ninguém puder ter certeza da paternidade das crianças. Essa cooperação vale também para a camaradagem dos machos em qualquer grupo de caça. Incertos de qual filho pertence a qual pai, os machos caçam não apenas para sua família imediata, mas para toda a tribo.

Em muitos aspectos, os costumes sociais e sexuais dos humanos têm mais em comum com os das aves do que com os de outros primatas. Muitas aves são sociais, territoriais, fazem exibição sexual ativamente e vivem em grupos familiares nos quais os filhos mais velhos ajudam os pais na criação dos irmãos mais novos antes de sair de casa e buscar territórios para si mesmos. Muitas espécies de aves formam pares com vínculos estáveis em público, mas as fêmeas não se furtam, em segredo, ao acasalamento com outros machos quando seu parceiro nominal está caçando. Isso faz com que um macho nunca possa ter certeza se os descendentes que ajuda a criar são seus e quais foram gerados por outro.[10]

Diante de tal situação, os machos preferem evitar maiores prejuízos. Nas sociedades humanas, a melhor estratégia é cooperar com outros machos. O adultério, afinal, contribui para o vínculo masculino e mantém as sociedades unidas, apesar da aparência do vínculo entre pares.

O *Homo erectus* era muito parecido conosco. Mas as aparências enganam. Se encarássemos os olhos do *Homo erectus*, o que veríamos não seria o choque pelo reconhecimento, mas apenas a astúcia de um predador, como uma hiena ou um leão.[11] O *Homo erectus* era desconcertantemente inumano.

A maioria dos mamíferos nasce, cresce rapidamente, se reproduz o mais depressa possível e, assim que sua capacidade de reprodução se esgota, morre. O mesmo acontecia com o *Homo erectus*. Seus filhotes cresciam velozes da infância à maturidade, sem o longo período de infância que caracteriza os seres humanos.[12] Quando morriam, seus corpos eram ignorados, largados como carniça. O *Homo erectus* não tinha nenhum conceito de vida após a morte. Não tinha visões do paraíso. Não temia o inferno. Mais importante, não tinha avós para contarem histórias e funcionarem como reservatório de tradições.

No entanto, o *Homo erectus* foi o autor dos mais belos artefatos: aquelas lindas pedras em formato de lágrima, habilmente trabalhadas, quase como joias, conhecidas como bifaces, eram o artefato típico de sua cultura de ferramentas de pedra: a acheulense.[13]

O biface é bem característico porque tem mais ou menos o mesmo design onde quer que seja encontrado, independentemente de sua idade ou do material do qual seja feito. Sua associação com uma espécie particular — o *Homo erectus* — sugere que, com toda a sua inegável beleza, era feito de acordo com um design estereotipado e rígido. Eles foram criados de forma tão impensada quanto as aves fazem seus ninhos. Se, ao fazer um biface, o fabricante cometesse um erro na sequência de golpes necessários para desgastar uma pedra de sílex, não tentaria consertá-la ou talvez transformá-la para algum outro propósito. Simplesmente descartaria a pedra e começaria de novo com uma pedra nova.

Essa inumanidade para nós assustadora é sublinhada pelo fato de que nenhum humano moderno descobriu exatamente *para que serviam* os bifaces. Embora muitos tenham o tamanho certo para caber confortavelmente na mão, podendo ser usados como cutelos, alguns são grandes demais para tal uso. Em todo caso, por que se incomodaram? É muito fácil extrair uma borda afiada o suficiente de uma pedra de sílex para, digamos, esfolar uma carcaça ou remover a carne dos ossos. Por que, então, eles se deram ao trabalho de fazer algo tão complexo e bonito quanto um biface para esse propósito? Se alguém vai atirar pedras — ou mesmo usar um estilingue — para derrubar uma presa ou um inimigo, por que se dar ao trabalho de criar um biface para depois jogá-lo fora?

Tendemos a pensar que os itens de tecnologia têm um propósito e que isso deve ser evidente em seu design. "Para ver uma coisa é preciso compreendê-la", escreveu Jorge Luis Borges em seu conto de terror "O livro de areia":

> A poltrona pressupõe o corpo humano, suas articulações e partes; as tesouras, o ato de cortar. Que dizer de uma lâmpada ou de um veículo? O selvagem não pode perceber a Bíblia do missionário; o passageiro não vê o mesmo cordame que os homens de bordo. Se víssemos realmente o mundo, talvez o entendêssemos.[14]

Essa presunção surge da tendência de atribuir à construção elaborada de objetos um tipo de objetivo ou propósito consciente que é distinto e exclusivamente humano. Basta olhar para uma colmeia, um cupinzeiro ou um ninho de ave para perceber que essa equação é falsa.

Por outro lado, certas vezes o *Homo erectus* fez coisas que nos parecem muito humanas — como riscar conchas com listras paralelas.[15] Com que propósito, ninguém sabe. Também é possível que o *Homo erectus* tenha dominado a arte de velejar, ou a canoagem, em mar aberto — um dos mais humanos dos ímpetos. Como vimos, ele foi o primeiro hominíneo que aprendeu a domesticar e usar o fogo.

O que mais quer que tenha sido, ou feito, ou pensado, o *Homo erectus* foi uma das respostas da evolução à súbita mudança no clima há cerca de 2,5 milhões de anos. Em vez de voltar para as florestas cada vez menores, como fizeram os grandes símios restantes, e viver numa espécie de parque temático memorial de um passado que desaparecera,[16] ou de tentar extrair meios de sobrevivência cada vez mais escassos da infecunda savana, como o *Paranthropus* tentou fazer e acabou fracassando, o *Homo erectus* começou a se espalhar mais amplamente que outros hominíneos para conseguir ganhar a vida na Terra implacável.

No final, ele foi o primeiro hominíneo a sair da África.

Há 2 milhões de anos, o *Homo erectus* se espalhou pelo continente,[17] e não ficou comendo poeira. Como resultado da mudança no clima, as florestas encolheram a tal ponto que a savana passou a se estender ininterruptamente pela África, o Oriente Médio e as regiões central e oriental da Ásia. A pradaria interminável fervilhava de caça, e o *Homo erectus* a seguia, aonde quer que ela fosse.

Há 1,7 milhão de anos, talvez até antes, ele já perseguia os rebanhos até a China.[18] Há 750 mil anos, usava regularmente as cavernas em Zhoukoudian, no atual subúrbio de Pequim.[19]

E, à medida que o *Homo erectus* se espalhava, ele evoluía.

Esse hominíneo foi o progenitor versátil[20] de uma enorme variedade de espécies comparáveis a gigantes, hobbits, trogloditas, yetis e — em última análise — a nós. A tendência para a variação começou cedo. Uma tribo de *Homo erectus* que viveu na Geórgia, nas montanhas do Cáucaso, há cerca de 1,7 milhão de anos, era matizada de forma tão heterogênea que é difícil, de nossa perspectiva moderna, imaginar que todos pertencessem à mesma espécie.[21]

Há 1,5 milhão de anos, tribos de *Homo erectus* penetraram nas ilhas do Sudeste Asiático. Para fazer isso, bastava andar. O nível do mar era tão baixo que a maior parte da região era terra seca. As muitas ilhas que vemos hoje são os fragmentos semiafogados de uma região outrora muito mais extensa. O *Homo erectus* viveu em Java até pelo menos 100 mil anos atrás —[22] o último reduto que resistia, enquanto o nível do mar subia e a selva mais uma vez os pressionava por todos os lados.

Talvez eles tenham até sobrevivido por tempo suficiente para testemunhar a chegada de seus descendentes na região — os humanos modernos.[23] Se tiverem se encontrado, aquele que, para os humanos modernos, parecia um grande, mas reservado símio da floresta, apenas um dos vários nativos da região, como o orangotango e seu enorme primo *Gigantopithecus*, levou a pior.

Uma vez nas ilhas do Sudeste Asiático, a evolução do *Homo erectus* deu algumas reviravoltas surpreendentes. Confinadas às ilhas e isoladas do continente à medida que o nível do mar subia, diversas tribos evoluíram cada uma à sua maneira peculiar.

Uma delas chegou a Luzon, nas Filipinas, onde caçou o rinoceronte nativo[24] mais ou menos ao mesmo tempo que seus primos do continente acendiam faíscas no leste da China. Uma vez abandonados, esses povos evoluíram até dar origem ao *Homo luzonensis*, uma espécie de tamanho minúsculo.[25] Além de pequenos, eram, em muitos aspectos, primitivos. Com o retorno da selva, esses hominíneos mais uma vez foram viver nas árvores. Eles sobreviveram até pelo menos 50 mil anos atrás. Quando os primeiros humanos modernos chegaram, esses descendentes atípicos de um caçador da savana africana devem ter olhado dos galhos para os novos invasores com incompreensão e horror.

Um destino igualmente estranho aguardava outro grupo de *Homo erectus* que chegou a Flores, uma ilha a leste de Java, na Indonésia.

Eles desembarcaram há mais de 1 milhão de anos. Isso é por si só surpreendente, pois não poderiam simplesmente ter caminhado até lá, como seus antepassados fizeram para chegar às outras ilhas mais próximas do continente. Mesmo quando o nível do mar estava mais baixo, Flores ficava separada do resto do mundo por canais profundos.

É possível que tenham chegado lá por acidente, talvez levados por uma tempestade, lançados à terra por um tsunâmi causado por um terremoto ou uma erupção vulcânica, flutuando em restos de vegetação ou outros detritos. Afinal, essa parte do mundo não é alheia a eventos extremos, e esses acidentes explicam a existência de plantas e animais até mesmo nas ilhas mais remotas.

Ou eles podem ter chegado a Flores em algum tipo de embarcação, mesmo que fosse destinada a pescar perto da costa de outra ilha e tenha sido levada pelo vento.

De qualquer modo que tenha sido a viagem, depois de chegar a Flores eles também diminuíram de tamanho com o tempo[26] e se tornaram o que conhecemos como *Homo floresiensis*. Quando foram extintos, cerca de 50 mil anos atrás, mais ou menos na mesma época que seus primos distantes nas Filipinas,[27] eles não tinham mais de um metro de altura, mas fabricavam ferramentas tão bem quanto seus ancestrais, embora em escala menor, para caber em mãos diminutas.

Essa miniaturização não é incomum; a evolução faz coisas estranhas com espécies isoladas em ilhas. Animais pequenos se tornam maiores, e animais grandes diminuem.

O lagarto-monitor de Flores, primo do dragão-de-komodo, chegou a um tamanho que seria realmente assustador para um humano moderno, e mais ainda para uma pessoa de um metro de altura, não importa quão destemida fosse. Alguns ratos alcançaram o tamanho de terriers.[28]

Como consequência da frequente variação do nível dos oceanos da era glacial, muitas ilhas ostentavam espécies únicas de elefantes minúsculos, e Flores não era exceção. Talvez o *Homo erectus* tenha ido a Flores em busca de grandes elefantes e, ao longo dos milênios, tanto a caça quanto o caçador tenham se tornado menores à medida que se adaptavam à vida na ilha.[29]

Mesmo levando em conta seu tamanho reduzido, o *Homo floresiensis* tinha um cérebro muito pequeno. Mas, como os hominíneos da savana descobriram muito tempo antes, ao se tornarem carnívoros na África, a manutenção do tecido cerebral é notoriamente custosa. Em uma espécie que enfrenta a escassez a tal ponto que o nanismo se torna uma possível vantagem diante da seleção natural, há ainda mais pressão sobre os cérebros para fazer mais com menos. Por si só, um volume cerebral menor não compromete a inteligência: entre as aves, corvos e papagaios são notoriamente inteligentes, embora seus cérebros não sejam maiores que uma noz. O *Homo floresiensis* fazia ferramentas tão sofisticadas quanto as do *Homo erectus*.

Em Flores, Luzon e quase certamente em outros lugares, o *Homo erectus*, uma vez isolado, tornou-se menor, transformando-se no que talvez encarássemos como anões ou hobbits.

Em outros lugares, ele ficou gigante.

Na Europa Ocidental, a espécie se transmutou em *Homo antecessor*, uma criatura robusta que se espalhou bem além da savana quente de seus ancestrais. Há cerca de 800 mil anos, deixou marcas de mão e até pegadas no leste da Inglaterra — muito mais ao norte do que qualquer hominíneo havia se aventurado até então.[30] Robusto, mas estranhamente familiar, o *Homo antecessor* se parecia muito mais com um humano moderno que o *Homo erectus*, ou mesmo com os neandertais, o auge da vida nas cavernas da era do gelo. Nossa fisionomia humana tem raízes profundas, assim como nossos genes: é no *Homo antecessor* que se encontram os primeiros sinais de parentesco genético com os humanos modernos.[31]

Um pouco depois, e em outras partes da Europa, apareceu o *Homo heidelbergensis*. Os ossos e as ferramentas que chegaram até nós do coração da Europa mostram que eles eram realmente formidáveis. Suas lanças de caça, preservadas na Alemanha junto com ferramentas de pedra e restos de cavalos massacrados, datadas de cerca de 400 mil anos, se parecem mais com postes de cerca.[32] Essas lanças — uma delas com 2,3 metros de comprimento e quase cinco centímetros de diâmetro no ponto mais largo — foram projetadas não para serem enfiadas em algo, mas arremessadas. Levantar e usar essas armas em batalha deve ter exigido muita força. Um osso de tíbia encontrado no sul da Inglaterra[33] tem tamanho similar ao da tíbia de um homem humano adulto moderno, mas é muito mais denso e espesso, indicando um indivíduo excepcionalmente robusto que pesava mais de oitenta quilos. No outro extremo da Eurásia, humanos de tamanho comparável apenas às pessoas modernas mais altas saíram das neves da Manchúria. Havia gigantes na Terra naquela época.

Os descendentes do *Homo erectus* na Europa e na Ásia estavam, claramente, evoluindo de acordo com as condições cada vez mais severas da era glacial. O esbelto velocista de longa distância das savanas africanas se transformava em alguém novo, diferente: uma criatura resistente o bastante para os rigores do Norte.

Há cerca de 430 mil anos, uma tribo se estabeleceu em cavernas na serra de Atapuerca,[34] no norte da Espanha. De muitas maneiras, eles pareciam humanos. O cérebro era mais ou menos do mesmo tamanho que o dos humanos modernos. Mas eles tinham feições pesadas e duras. A visão de um mundo sombrio era compensada por uma vida interior cada vez mais profunda, afinal, eles enterravam seus mortos. Ao menos não os largavam sem nenhum sinal, como se os cadáveres fossem qualquer outro objeto: os corpos eram levados para o fundo da caverna e jogados em um poço profundo. Neles estava a origem dos neandertais.[35]

Os neandertais, talvez até mais que o *Homo erectus*, são um exemplo de como a vida evolui em resposta aos desafios do ambiente. Disformes, extremamente adaptados à vida no deserto frio e varrido pelo vento do norte da Europa, eles viveram lá sem competição por 300 mil anos. Passeavam com leveza pela paisagem e sua cultura mudava pouco. Mas, com cérebros maiores, em média, que o de um humano moderno, eles eram pensativos e profundos. E enterravam seus mortos.

Nas profundezas das cavernas, longe do frio, do vento e da fraca luz solar da era do gelo, eles lutavam pelo sobrenatural. Em uma gruta na França, tão enterrada no subsolo que a luz do sol jamais teria penetrado, construíram estruturas circulares de estalactites trituradas e ossos de ursos.[36] Por qual razão, ninguém sabe. Essas estruturas misteriosas têm 176 mil anos. São as construções com datação confiável mais antigas feitas por qualquer hominíneo.

Os neandertais contrastavam de forma gritante com seus ancestrais *Homo erectus*, ágeis e de vida livre. Embora eles e suas obras tenham sido encontrados desde o extremo oeste da Europa até o Oriente Médio e o sul da Sibéria, grupos individuais de neandertais não se espalhavam muito pela paisagem. Confrontados com extremos climáticos que nenhum hominíneo jamais havia experimentado, faziam breves excursões para buscar comida, mas cultivavam uma vida mental mais brilhante — como os morlocks de H.G. Wells — sob a Terra.

Alguns de seus parentes, no entanto, viram ainda mais adiante. Algum tempo antes de 300 mil anos atrás, uma ramificação dos neandertais na Ásia Central levantou a vista e viu o planalto Tibetano. Fora das regiões polares, essa talvez seja a região menos hospitaleira do mundo para os humanos. O ar é frio, cruel e rarefeito. A neve nunca derrete. Quando o sol brilha, parece um olho incandescente na abóbada azul de gelo. No entanto, um grupo de homíníneos achou que, no alto do Teto do Mundo, conseguiria ganhar a vida. E assim o fez. Eles escalaram. E, conforme escalavam, evoluíam. Eles se transformaram nos denisovanos,[37] semelhantes aos yetis que, segundo a lenda, habitaram o planalto milhares de anos depois.[38]

O *Homo erectus* e seus descendentes conquistaram o Velho Mundo. Podem até ter se aventurado no Novo.[39] Por volta de 50 mil anos atrás, muitas espécies de humanos andavam pela Terra. Havia neandertais na Europa e na Ásia. Naquela época, alguns dos descendentes dos denisovanos haviam deixado suas fortalezas nas montanhas e descido até as terras altas do leste da Ásia.[40] Aonde quer que fossem, eles se transformavam para enfrentar os desafios de novos ambientes, como cavernas profundas, selvas emaranhadas de árvores, ilhas isoladas, planícies abertas e as montanhas mais altas. O próprio *Homo erectus* ainda vivia pacificamente em Java.

E, no entanto, todos esses experimentos de vida humana seriam varridos do mapa. No final da era glacial, restava apenas uma espécie de homíníneo. Como o *Homo erectus*, ele também veio da África.

SEXTA LINHA DO TEMPO — *HOMO SAPIENS*

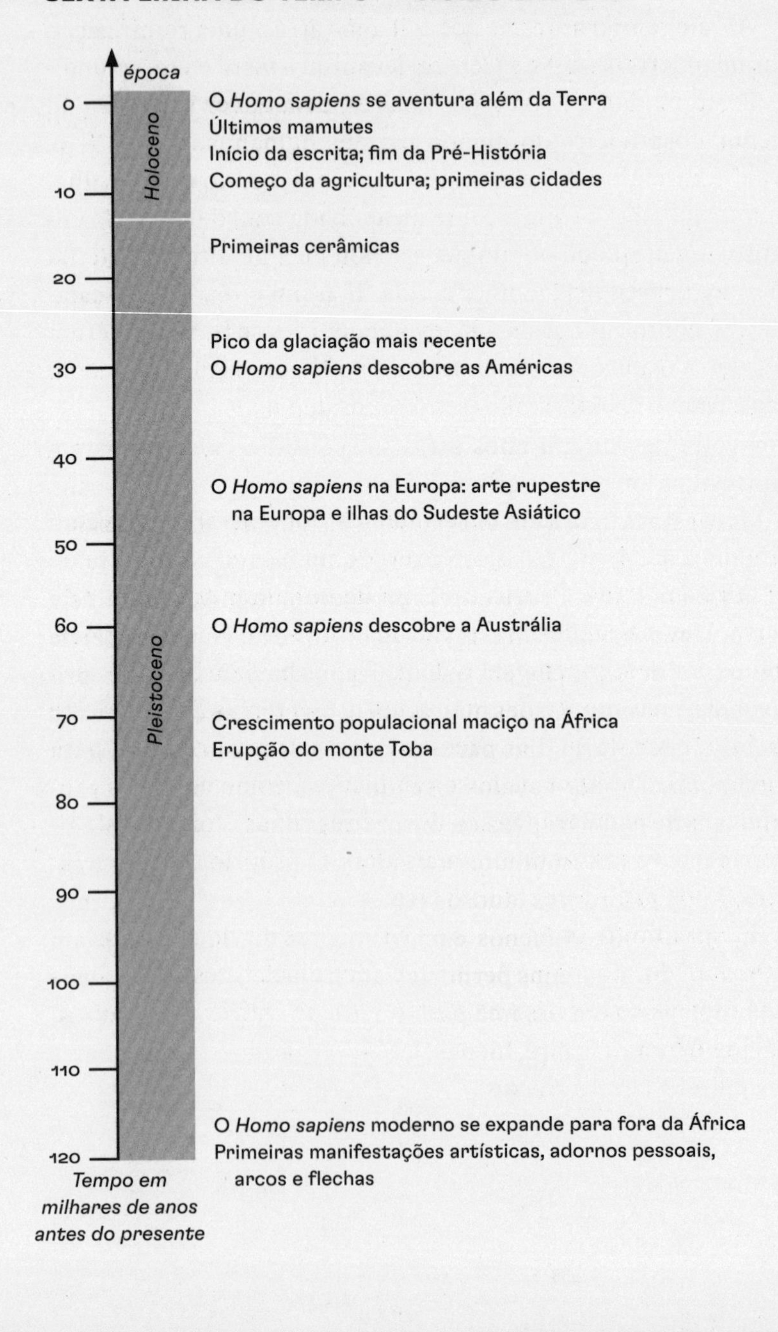

O fim da Pré-História

Por volta de 700 mil anos atrás, os episódios glaciais foram muito mais longos que os intervalos quentes que os separaram. A Terra estava agora em um estado mais ou menos permanente de glaciação. As pausas eram quentes, inebriantes e breves.

A vida não só sobreviveu, ela prosperou. Regiões da Eurásia não oprimidas pelo gelo estavam cobertas de estepe verde, que suportava uma tonelagem quase incalculável de caça. Na primavera e no verão, bisões migravam pela terra em rebanhos tão grandes que levaria dias para vê-los passar aos milhões. Eram acompanhados por cavalos e veados gigantes com chifres incrivelmente extensos; vez ou outra a eles se juntavam espécies de elefantes, como mamutes e mastodontes; o resfolegar e a pisada dos rinocerontes lanosos também iam junto. Os invernos eram só um pouco menos cheios. Muitos animais migravam para o sul, mas as renas permaneciam na neve. Toda essa carne em movimento era um ímã para carnívoros como leões, ursos, felinos-dente-de-sabre, hienas, lobos — e os duros e resistentes herdeiros do *Homo erectus*.

Os hominíneos responderam à intensificação da era do gelo com cérebros e reservas de gordura maiores.

Isso foi, por si só, notável. Como observamos, cérebros são órgãos que custam caro para funcionar. A economia da natureza geralmente exige que um animal inteligente tenha apenas um mínimo de gordura, porque, se a comida acabar, ele será astuto para encontrar mais em outro lugar antes de morrer de fome. São apenas os menos iluminados entre os mamíferos que precisam acumular gordura. Os humanos, porém, são exceção.[1] Os humanos mais magros armazenam uma quantidade superior de gordura que a dos macacos mais gordos. Animais com cérebros grandes que têm uma boa camada de isolamento têm tudo de que precisam para lidar com o frio interminável da era do gelo.

A gordura tinha outro propósito também. A diferença entre os sexos é em grande parte uma questão de acúmulo dela. O corpo de um homem adulto contém, em média, cerca de 16% do peso em gordura; o de uma mulher, 23%. Essa diferença é significativa, uma vez que energia embutida é um pré-requisito essencial para a fertilidade e a gravidez, principalmente em tempos de escassez. Como tal, os mecanismos de seleção favoreceram as fêmeas roliças com curvas arredondadas, por terem as melhores perspectivas de reprodução.[2]

Cérebros grandes, no entanto, também podem apresentar problemas, uma vez que levam a cabeças grandes. Bebês humanos, com suas cabeçorras, têm dificuldade para nascer. Os bebês só nascem graças a uma torção de noventa graus da cabeça durante a passagem pela pélvis da mãe e a emersão pela vagina. Até muito recentemente, o custo disso era suportado pela mãe, que corria um alto risco de morrer no processo. Os bebês humanos vêm ao mundo em um estado relativamente desamparado. Se esperassem até estar mais desenvolvidos e talvez mais capazes de lidar com o mundo, poderiam ser grandes demais para passar pelo canal do parto, e sequer nasceriam. Assim os nove meses de gravidez representam um período de trégua desconfortável entre o bebê, que precisa ser capaz de lidar sozinho com o mundo exterior o mais rápido possível, e a mãe, que, se esperasse mais, teria de jogar dados cada vez mais viciados com a morte.

É um meio-termo que não agrada a ninguém. Uma espécie em que os bebês nascem totalmente indefesos e, mesmo se nascerem com sucesso — de mães que correm alto risco de morte —, levam muitos anos para atingir a maturidade, provavelmente vai se extinguir muito depressa. A solução para isso, portanto, foi uma mudança dramática, mas no outro extremo da vida: a menopausa.

A menopausa é outra inovação evolutiva exclusiva dos humanos. Em geral, qualquer criatura, mamífero ou não, que seja velha demais para se reproduzir envelhece e morre na sequência. Em humanos, porém, as fêmeas que deixaram de se reproduzir na meia-idade podem desfrutar de muitas décadas de vida útil — e, portanto, criar mais filhos.

O aumento do cérebro e o consequente desamparo dos bebês foi acompanhado pelo surgimento das avós:[3] mulheres na pós-menopausa que estariam ali para ajudar as filhas a criar os netos. A lógica da seleção natural não diz nada sobre quem realmente cria os filhos até a maturidade — contanto que sejam criados por alguém. Ocorre que uma mulher que deixa de se reproduzir para ajudar as filhas a criar os netos gerará, em média, um número maior de descendentes do que se ela mesma permanecesse reprodutiva, competindo por recursos com suas filhas. Com o tempo, os grupos de humanos que contavam com mulheres na pós-menopausa para ajudar a criar os filhos levariam mais dessas crianças à idade reprodutiva. Aqueles que foram incapazes de explorar um recurso tão valioso quanto esse morreram. O meio-termo desconfortável foi superado pela cooperação.

O ato de se reproduzir tira energia de todo o resto. Há uma compensação entre reprodução e longevidade. Assim, ao cessar a reprodução na meia-idade, as fêmeas humanas *aumentaram* seu resultado reprodutivo e passaram a viver *mais*. Isto é, o aumento do cérebro levou a um aumento da expectativa de vida, talvez dos vinte e poucos anos, no *Homo erectus*, aos quarenta e poucos, nos neandertais e nos humanos modernos.

Embora as pressões da evolução agissem de forma diferente em machos e fêmeas, eles compartilhavam os mesmos genes, o que levou a uma guerra entre os sexos. A pressão era exercida por forças que selecionavam de dois modos divergentes: um gene, dois mestres. O resultado foi outro meio-termo. Como as fêmeas precisavam ser mais gordas para trazer bebês ao mundo, os machos também engordavam, mas não tanto. Se as fêmeas desenvolveram a menopausa e passaram a viver mais, os machos passaram a viver mais também, mas não tanto.[4] Isso levou à introdução de um novo estrato na sociedade hominínea: os idosos, de ambos os sexos. Antes da invenção da escrita, os idosos passaram a ser valorizados como repositórios de conhecimento, sabedoria, história e narrativas populares.

Pela primeira vez na evolução, existiam espécies nas quais o conhecimento podia ser transmitido para mais de uma geração ao mesmo tempo. Os filhotes de muitos animais — como baleias, aves, cachorros, seres humanos — são capazes de aprender com outros de sua espécie, adquirindo os recursos de linguagem pela imitação inconsciente dos adultos ao seu redor. Os humanos são únicos, até onde se sabe, porque não apenas aprendem, mas também ensinam.[5] Os idosos tornaram isso possível. Enquanto os membros mais jovens da tribo amamentavam bebês ou caçavam, os idosos, menos produtivos, passavam seus estoques de conhecimento para as novas gerações de crianças que, com sua longa infância (em função da relativa imaturidade ao nascer), tinham bastante tempo para adquiri-los. A informação abstrata tornou-se uma moeda de sobrevivência tão importante quanto as calorias. As consequências seriam explosivas. E tudo começou durante a era do gelo, quando, pela primeira vez, armazenar gordura e ter um cérebro maior se tornou uma vantagem para os primatas.

Ao frio cada vez mais profundo da Eurásia somou-se a aridez da África. A savana ressequida se transformara em deserto seco, interrompido por poços d'água tão evanescentes quanto miragens. A sobrevivência era uma luta constante. O armazenamento de gordura extra também era uma vantagem aqui, assim como tinha sido perto das camadas de gelo. Os humanos se adaptaram por desenvolver um metabolismo baseado em ciclos de contração e expansão: eram capazes de passar muitos dias sem comida, mas, quando matavam um animal, se empanturravam até o limite da dor, quando não conseguiam comer nem mais um pedaço ou mesmo se mexer. Esses ciclos eram ótimos para a absorção dos nutrientes necessários para que sobrevivessem até a próxima e eventual refeição. Os humanos comiam com gosto, como se cada refeição pudesse ser a última.[6]

E apesar da constante ameaça de extinção — talvez até por causa dela —, os herdeiros do *Homo erectus* se diversificaram na África, como tinha acontecido em outros locais.[7] Então, há pouco mais de 300 mil anos — exatamente quando os primeiros neandertais se adaptavam ao frio gelado da Europa —, um novo hominíneo apareceu no território africano. Era raro, variegado e disperso, mas espalhava-se por todo o continente.[8] Ao encontrar um desses indivíduos teríamos tido a impressão de nos encarar de frente. Eram os primeiros de nossa espécie: o *Homo sapiens*.

Esses novos seres, porém, não eram tão humanos quanto podiam parecer. No início, o *Homo sapiens* era uma espécie de ingrediente bruto. Os humanos modernos foram endurecidos por mais de 250 mil anos de anos de fracasso. Nos primeiros 98% de sua existência, a história do *Homo sapiens* foi uma tragédia comovente, mas os participantes não sobreviveram para contá-la. Quase todos pereceram, praticamente toda a espécie desapareceu por completo.

Ao longo de sua jornada, porém, o conjunto de genes do *Homo sapiens* adquiriu um tempero de DNA de outros hominíneos, tanto na África quanto fora dela. Trata-se de uma espécie com muitos genitores, e cada um deles adicionou seu próprio sabor especial a uma mistura que, contra todas as probabilidades, por fim deu certo.

Desde o início, o *Homo sapiens* já existia fora de sua terra principal africana, fazendo incursões no sul da Europa cerca de 200 mil anos atrás e na região do Levante entre 180 mil e 100 mil anos atrás.[9] Mas esses deslocamentos deixaram poucos vestígios, como uma mancha de água na areia do deserto. O *Homo sapiens* ainda era uma espécie tropical, um turista em busca de tempo bom. Se as condições da África eram duras, as da Eurásia eram piores. E, se o *Homo sapiens* tivesse persistido, teria descoberto que o caminho estava bloqueado pelos neandertais, os quais, no auge da fama, tinham muito mais cultura e costume para lidar com o longo frio da Europa, podendo se dar ao luxo de apostar no longo prazo. Para eles, os humanos não seriam mais que visitantes ocasionais, como uma leve geada antes do amanhecer em um dia de verão — ou nem isso.

*

As coisas não estavam muito melhores para a nova espécie em território africano. De fato, à medida que as eras glaciais avançavam, as condições tornavam-se cada vez piores. Os bandos de *Homo sapiens*, que, para começo de conversa, já não eram muito comuns, foram sumindo, primeiro em um lugar e depois em outro, desaparecendo ou cruzando com outras variedades de hominíneos antes que esses híbridos também desaparecessem. Chegou o momento em que o *Homo sapiens* praticamente desapareceu ao norte do rio Zambeze. Por fim, ficou confinado a um oásis na extremidade noroeste do que hoje é o deserto de Kalahari, a leste do delta do Okavango.

No início da era glacial, a região fora exuberante. A área era regada pelo lago Makgadikgadi, que, no seu auge, era do tamanho da Suíça. À medida que a África secava, o lago se fragmentava em outros menores, cursos d'água, pântanos e matas, onde girafas e zebras perambulavam.

Os últimos *Homo sapiens* remanescentes e esfarrapados encontraram refúgio entre as lagoas e os canaviais do pântano de Makgadikgadi há cerca de 200 mil anos, assim como, milênios depois, o último reduto do rei Alfred foi nos pântanos de Athelney — onde ele se reorganizou, buscou consolo, assou alguns bolos queimados e emergiu para derrotar os dinamarqueses e retomar o reino de Wessex. Se a Inglaterra começou em Athelney, as raízes da própria humanidade podem muito bem estar no pântano de Makgadikgadi. Se alguma vez existiu um jardim do éden em algum lugar, foi lá.[10]

Um pouco à maneira do patinho feio, o *Homo sapiens* se escondeu no pântano de Makgadikgadi por 70 mil anos. Mas, quando finalmente emergiu, havia se tornado um cisne.

Por dezenas de milhares de anos, o pântano de Makgadikgadi foi um oásis cercado por terrenos cada vez mais inóspitos: desertos secos e salinas. Assim, uma vez que o *Homo sapiens* se instalou ali, não seria tão simples sair. Cerca de 130 mil anos antes, o Sol tinha começado a brilhar um pouco mais forte na Terra do que brilhara por algum tempo. O mecanismo celestial de excentricidade, inclinação axial e precessão tinha conseguido produzir um intervalo de clima mais quente do que se havia visto por muitos milênios.

Na Europa, as grandes geleiras foram substituídas — ainda que brevemente — por condições climáticas quase tropicais. Essa foi a época em que, na Grã-Bretanha, leões saltitavam em Trafalgar Square, elefantes pastavam em Cambridge e hipopótamos chafurdavam onde hoje fica a cidade de Sunderland. Assim como na Grã-Bretanha, na África o clima também se abrandou. As gerações mais recentes de *Homo sapiens* descobriram que o deserto depois de Makgadikgadi havia se tornado um mar de grama.

Eles se mudaram, seguindo a caça — e bem a tempo, porque o Makgadikgadi logo secou por inteiro. Hoje ele é um deserto de sal que não sustenta nenhum ser vivo mais complexo que crostas de cianobactérias: uma regressão aos primeiros dias da vida na Terra.

Bandos de *Homo sapiens* seguiram a caça até chegar à costa no extremo sul da África. Quando o fizeram, desenvolveram um modo de vida totalmente novo, baseado na abundância de proteínas do mar. Para pessoas acostumadas a raízes duras, frutas imprevisíveis e hábitos ariscos de presas cautelosas, o oceano era um banquete além da imaginação. Mariscos repletos de proteínas e nutrientes essenciais e incapazes de fugir. Algas e peixes saborosos e salgados, muito mais fáceis de capturar do que o impala ou a gazela.

Como se dessem um suspiro coletivo de alívio depois de uma longa história de adversidade, esses primeiros garimpeiros de praia tornaram-se muito mais tranquilos e começaram a fazer coisas que os humanos nunca haviam feito antes. Em banquetes, enfeitavam uns aos outros com colares de contas de conchas. Pintavam-se com carvão e almagre.[11] Gravavam seus símbolos em padrões xadrez em cascas de ovo de avestruz e pintavam a si mesmos de vermelho nas rochas.[12] Com certeza os neandertais e até o *Homo erectus* usavam conchas e faziam gravuras de vez em quando, mas essas pessoas estavam se engajando em tais atividades com uma intensidade e comprometimento novos.

No início, essas tecnologias parecem ter aparecido e desaparecido como fogos-fátuos, como se, às vezes, os humanos perdessem o talento ou a vocação. Mas o uso da tecnologia foi aprimorado e se tornou mais habitual à medida que a população crescia devagar e as tradições eram consolidadas. Os caiçaras também começaram a usar pedra de uma maneira nova. Em vez de desbastar rochas para fazer artefatos que coubessem na mão, eles criaram peças muito menores, trabalhadas com cuidado e endurecidas pelo calor, que poderiam, por exemplo, ser posicionadas em flechas. Inventaram armas de projéteis, que poderiam matar a presa à distância, sendo relativamente pouco arriscadas para o agressor.[13]

Outros exilados do éden seguiram na direção oposta, ao norte. O Zambeze era o seu rubicão. Assim que chegaram à África Oriental, juntaram-se a eles emigrantes do extremo sul da África, que introduziram suas tecnologias avançadas — cosméticos, colares de conchas e, acima de tudo, o arco e flecha. O resultado foi explosivo. A população de *Homo sapiens* na África Oriental passou de uns pequenos bandos para uma população que tinha chances de viver mais que uma mosquinha.[14] Há cerca de 110 mil anos, eles estavam de novo espalhados pela África e faziam novas incursões fora de sua pátria.

E desta vez iriam para ficar.

Foi como um alarme de incêndio na madrugada. Há cerca de 74 mil anos, um vulcão chamado monte Toba, na ilha de Sumatra, na Indonésia, explodiu em erupção, num evento catastrófico sem igual em milhões de anos na Terra.[15] A erupção levou o período de relativo calor, que já estava em declínio, ao fim repentino. Choveram detritos sobre toda a região do oceano Índico, em regiões tão distantes quanto a costa da África do Sul.[16] Centenas de quilômetros cúbicos de cinzas foram lançados na atmosfera, mergulhando o mundo em um súbito frio glacial.

Em tempos anteriores, o desastre poderia ter removido por completo a humanidade nascente da face da Terra. Dessa vez, parece que o *Homo sapiens* não titubeou. Até então, nossa espécie havia se espalhado da África pela bacia do oceano Índico. Humanos lascadores de pedra estavam na Índia,[17] haviam vagado até Sumatra —[18] o epicentro da explosão — e chegado ao sul da China.

Quando os exilados de Makgadikgadi deixaram seu oásis, a primeira coisa que fizeram foi ir para a praia. Mais tarde, ao deixar a África, os humanos primeiro deixaram a linha da costa, atravessando o sul da Arábia e a Índia e entrando no Sudeste Asiático. Quando o clima permitia, eles também viajaram para o interior, seguindo os cursos de rios em direção à savana.

Não se deve entender esse episódio como o êxodo de Moisés, mas como uma série de minúsculos acontecimentos que se combinaram até criar um tipo de padrão predeterminado. As pessoas não olhavam para o horizonte e, num acesso de antevisão heroica, aproximavam-se de algum destino manifesto. Os indivíduos viviam a vida inteira mais ou menos no mesmo lugar. A pressão populacional sugeria que algumas pessoas poderiam se mudar, digamos, para além do próximo promontório. O tempo inclemente forçou muitos reveses. Humanos em tribos diferentes, mas próximas, unidos por laços de relacionamento, se reuniam em épocas de festival para cantar, dançar, trocar histórias fantásticas e escolher parceiros. Semelhante a todos os primatas, uma vez pareada, a fêmea se mudaria do país de seus ancestrais e se estabeleceria com a família de seu companheiro em algum lugar distante — do outro lado do rio, talvez, ou na colina seguinte.[19]

A migração, portanto, não foi um evento único, mas uma série de episódios esparsos. Ela prova que havia um método comum e pulsava, junto com as mudanças climáticas regulares impostas pelos ciclos orbitais da Terra, em especial os 21 mil anos do ciclo de precessão.[20] Os migrantes humanos seguiam suas estrelas — diferentes estrelas, em diferentes momentos.

Como espécie, os humanos parecem ter tido rodinhas nos pés especialmente entre 106 mil e 94 mil anos atrás, quando se espalharam pelo outrora hospitaleiro sul da Arábia e pela Índia; entre 89 mil e 73 mil anos atrás, quando chegaram às ilhas do Sudeste Asiático; entre 59 mil e 47 mil anos atrás — um período de migração especialmente movimentado através da Arábia e em direção à Ásia, quando também desembarcaram na Austrália;[21] e, finalmente, entre 45 mil e 29 mil anos atrás, quando a Eurásia foi toda ocupada, inclusive em altas latitudes, e foram feitas tentativas hesitantes de entrar nas Américas — e também algumas migrações de volta para a África.

Isso não significa que os humanos ficaram parados em outros períodos — esses foram os intervalos em que o clima esteve ameno o bastante para favorecer a migração. Houve momentos em que os humanos em expansão foram divididos. Por exemplo, no período frio e seco logo após a erupção do monte Toba, os africanos foram isolados da população no sul da Ásia. Eles não se encontrariam novamente por mais 10 mil anos.

No caminho, humanos migratórios encontraram outros hominíneos. Os encontros eram raros; seus resultados, variáveis. Às vezes, as tribos percebiam a diferença entre si e lutavam. Em outras, cumprimentavam-se como primos distantes ao perceber que, afinal, não eram tão diferentes quanto pareciam à primeira vista. Eles criavam vínculos por meio de contação de histórias e troca de parceiros. Os humanos modernos encontraram os neandertais no Levante e procriaram com eles. Como resultado, todos os humanos modernos com ancestrais que não são exclusivamente africanos carregam um pouco de DNA neandertal.[22] No sudeste da Ásia, os migrantes adicionaram genes dos denisovanos ao pool genético humano — eram os descendentes dos habitantes das montanhas, que agora já estavam aclimatados às terras baixas. Os genes denisovanos são encontrados agora muito longe da fortaleza de montanhas onde surgiram, em pessoas nas ilhas do Sudeste Asiático e em todo o Pacífico. Mas, numa curiosa reviravolta do destino, o gene que permite aos tibetanos modernos viverem sem problemas no ar rarefeito no Teto do Mundo foi um presente de despedida dos povos das neves eternas,[23] que desapareceram como espécie singular há menos de 30 mil anos — completamente absorvidos pela grande onda de *Homo sapiens*.

Há cerca de 45 mil anos, os humanos modernos finalmente invadiram a Europa, em várias frentes, da Bulgária, no leste, à

Espanha e à Itália, no oeste.[24] Os neandertais, dominantes na Europa por 250 mil anos, haviam repelido todas as incursões anteriores de *Homo sapiens*. Dessa vez, no entanto, entraram em declínio acentuado e, há 40 mil anos, esse suprassumo da era do gelo estava praticamente extinto.[25]

As razões ainda são muito debatidas. Talvez eles tenham lutado com humanos modernos. Com certeza procriaram com eles.[26] É possível que, diante de uma espécie que se reproduzia um pouco mais rápido, tenham desaparecido sem muita resistência e talvez se afastado de seu território natal.[27] No final, havia tantos humanos modernos na Europa que os neandertais remanescentes, escondidos em seus últimos e distantes redutos — do sul da Espanha[28] à Rússia ártica —,[29] eram pouquíssimos e dispersos demais para serem capazes de encontrar parceiros de sua própria espécie.[30]

As populações neandertais sempre foram pequenas. Conforme diminuíam ainda mais, os efeitos da endogamia e os acidentes causavam estrago. Chega um ponto nas sociedades no qual elas ficam pequenas demais para serem viáveis, e não há nada que leve tanto uma população à extinção quanto a falta de pessoas.[31] Assim, era mais simples procriar com os invasores. O DNA de um maxilar humano de 40 mil anos de uma caverna na Romênia mostra que seu dono tinha um bisavô neandertal.[32]

A partir do Leste Europeu, os humanos modernos seguiram o curso do Danúbio, cujos arredores da nascente mostram evidências do florescimento de uma exuberância cultural.[33] Eles faziam esculturas de animais, humanos, humanos com cabeça de animais e até patos em baixo relevo que penduravam nas paredes de cavernas suburbanas.[34] Fizeram, repetidamente, esculturas de mulheres obesas, grávidas e de seios enormes —

evocações pungentes da importância da fartura e da fertilidade em uma sociedade que nunca esteve longe da fome. Eram apelos a um poder superior.

Imagens de animais apareceram mais ou menos ao mesmo tempo nas paredes de cavernas em extremos opostos da Eurásia. Às merecidamente famosas pinturas rupestres na França e na Espanha juntaram-se exemplos parecidos em Celebes e Bornéu, no Sudeste Asiático.[35] A arte rupestre tende a aparecer em espaços com ressonância acústica, e tinha teor ritual. As imagens parecem ter sido apenas um dos componentes de cerimônias que incluíam música e dança.[36]

Quando os seres humanos atingiam a maioridade, eram convidados por um xamã a ir a esses espaços para atos de iniciação na tribo. Como parte da cerimônia, o homenageado era pintado com ocre ou fuligem e instruído a fazer uma impressão de sua mão na parede da caverna: como se deixasse sua marca no livro da vida. Para dizer: "Estou aqui".

Após 4,5 bilhões de anos de tumulto sem sentido, a Terra deu à luz uma espécie que se tornou consciente de si mesma, que se perguntou o que fazer a seguir.

O passado do futuro

Todas as espécies felizes e prósperas são iguais. Cada espécie, quando entra em extinção, o faz à sua maneira.*

Como consequência das mudanças climáticas, as florestas se dividem em pequenos espigões isolados em meio a um oceano de gramíneas onde antes havia árvores.

À medida que as calotas polares derretem, a inundação da terra deixa ilhas isoladas onde antes havia cumes de montanhas.

Então o que acontece com as formas de vida que se agarram aos restos do que, para elas, eram mundos muito maiores?

Alguns grupos aproveitam o isolamento para dar origem a formas novas e estranhas. Pense, por exemplo, no *Homo floresiensis* e nos elefantes anões que ele caçava. Muitas outras populações afastadas, no entanto, ficam pequenas demais para se viabilizarem. Pode haver pouca comida ou água para sobrevi-

* Eu chamo isso de "o princípio Kariênina". De nada.

ver. Os indivíduos podem não conseguir encontrar com quem procriar ou, se encontram, devem ser parentes próximos, e a população sucumbe à consanguinidade.[1] Outros simplesmente não conseguem se adaptar, tentando viver de acordo com velhos hábitos em circunstâncias que mudaram muito.[2] Um a um, os indivíduos morrem, por indisposição genética, por idade ou por acidente, deixando cada vez menos descendentes, até que não haja mais nenhum. A população se extingue.

Por fim, quando todas as outras populações da espécie falharem, cada uma delas enfrentando sua própria agonia nos fragmentos do outrora extenso habitat em que se encontra tão abandonada, a última população sobrevivente corre um risco maior de sucumbir a algum desastre local muito específico. Pode ser quase qualquer coisa, longe do grande apocalipse do impacto de asteroides ou da erupção de campos de magma, como um deslizamento de terra que extingue sua única fonte de alimento ou uma coisa aparentemente tão prosaica quanto a demolição de seu último refúgio para dar lugar a uma obra.

Outras espécies podem parecer abundantes, sem motivos para temer o desaparecimento iminente. Porém, um exame mais minucioso pode revelar que elas estão há muito no vermelho no extrato da vida, marcadas para uma extinção tão certa quanto se tivessem sido ceifadas em seu auge. Embora possam ser abundantes no habitat ao qual se acostumaram, a remoção adicional do habitat — mesmo que moderada — pode garantir sua extirpação. Elas estão, literalmente, com os dias contados. O desaparecimento de borboletas e mariposas das pastagens calcárias [no sudoeste da Inglaterra], por exemplo, tem mais a ver com a remoção de seu habitat muitas décadas atrás que com a perda atual do meio em que vivem.[3] Essas espécies incorreram no que é chamado de "dívida de extinção".[4]

Outras, no entanto, por algum motivo, reduzirão sua taxa de reprodução, e a taxa de mortalidade ultrapassará a de natalidade.

O *Homo sapiens* foi fundamental para criar as condições em que muitas espécies diferentes foram extintas. Da mesma forma, o próprio *Homo sapiens* pode estar vulnerável a um ou mais desses diferentes meios de desaparecimento.

Os episódios passados de extinção em grande escala são tão remotos que é difícil separar histórias individuais do barulho geral e da confusão do desastre.

A causa fundamental da extinção em massa no final do Permiano, por exemplo, foi a ressurgência de lava na Sibéria, que liberou gases elevando drasticamente a temperatura da atmosfera por meio do efeito estufa, e envenenando o ar e os oceanos. Mas, por mais cataclísmico que tenha sido o episódio, e por mais que os seres vivos como um todo tenham sofrido, cada animal ou planta, cada pólipo de coral e cada pelicossauro encontrou a morte à sua maneira. As extinções em massa, portanto, representam a soma de muitas mortes prematuras individuais, cada qual com sua tragédia particular.

O fim do Pleistoceno, há cerca de 10 mil anos, foi marcado pelo desaparecimento de praticamente todos os animais com massa maior que a de um cão grande em toda a Eurásia, nas Américas e na Austrália. A causa fundamental da extinção pode ter sido a expansão da humanidade voraz. Ou pode ter sido uma mudança dramática no clima, como aconteceu tantas vezes durante o Pleistoceno. É bastante provável que tenha sido uma mistura de ambas.

No entanto, as extinções do desfecho do Pleistoceno estão muito mais próximas de nós no tempo do que a catástrofe do fim do Permiano. Os vestígios do episódio estão mais frescos e podem ser coletados com mais precisão. O destino de espécies individuais pode ser rastreado.[5]

Por exemplo, os espaços vitais de duas espécies representativas da era do gelo — o cervo-gigante (popularmente conhecido como alce-irlandês) e o mamute-lanoso — encolheram drasticamente em apenas alguns milhares de anos. Esse declínio vertiginoso coincidiu com mudanças repentinas no clima e na vegetação da qual dependiam.[6] A caça apenas acelerou um fim que teria chegado mais cedo ou mais tarde. Cervos-gigantes e mamutes desapareceram, mas existem fósseis aos montes e eles podem ser datados de forma confiável, de modo que seu declínio e sua queda podem ser mapeados nos mínimos detalhes. Se tivessem partido no final do Permiano, provavelmente não saberíamos muito além do fato de que desapareceram, nada além disso.

Extinções mais recentes podem ser datadas com muita precisão. O último boi selvagem, ou auroque (*Bos primigenius*) foi baleado na Polônia em 1627. Dado o alto número de pessoas com armas, essa era uma extinção que tendia mesmo a acontecer. Dito isso, ela representou a extinção em sua forma mais aguda, particular e pungente: a bala que derrubou aquele único boi pôs fim ao último indivíduo restante de uma espécie que já havia sido abundante em toda a Europa. Em compensação, no momento em que escrevo, o rinoceronte-branco-do-norte (*Ceratotherium simum cottoni*) ainda está conosco. Imensos esforços são feitos para garantir que os indivíduos remanescentes não caiam no esquecimento depois de estarem na mira de um caçador. No entanto, como a população dessa espécie é composta de apenas dois indivíduos, ambos do sexo feminino, é apenas uma questão de tempo — e não muito.

O caso do auroque, porém, é diferente daquele do rinoceronte. Os primeiros pertenciam a um dos poucos ramos da árvore genealógica dos mamíferos — a família dos bovídeos, que inclui cabras e ovelhas, e uma legião de espécies de antílopes — que ainda prospera. Se não fosse pela humanidade, os auroques ainda poderiam estar conosco. Ao contrário, os rinocerontes tiveram seu apogeu no Oligoceno, quando eles e outros ungulados de dedos ímpares eram muito diversificados. Desde então, porém, vêm decaindo: em grande parte superados por ungulados de dedos pares, como bovídeos, que antes incluíam o auroque. A humanidade apenas apressou um fim que estava praticamente escrito muito antes de os humanos surgirem.

O mundo hoje já está há 2,5 milhões de anos em uma série de eras glaciais que ainda prosseguirão por dezenas de milhões de anos. O gelo já aumentou e diminuiu mais de vinte vezes, levando a perturbações climáticas em escala nunca vista desde o Eoceno. E está apenas começando. A cada avanço e recuo do gelo, o jogo muda. Algumas espécies vão morrer. Outras florescerão. Aquelas que florescerem em um ciclo poderão perecer no próximo.[7] E haverá quase cem outros ciclos glaciais-interglaciais antes que essa série da era do gelo chegue ao fim.

O *Homo sapiens* tirou proveito do ciclo atual. A espécie tornou-se autoconsciente quando o intervalo anterior de calor, cerca de 125 mil anos atrás, decaiu a um estágio de frio prolongado. Ele aproveitou o baixo nível do mar para migrar, saltando entre ilhas isoladas.

No momento em que o gelo chegou a sua maior extensão, cerca de 26 mil anos atrás, a humanidade havia montado acampamento em todo o Velho Mundo e chegado até a cruzar para o Novo.[8] Apenas Madagascar, Nova Zelândia, as outras ilhas da Oceania e a Antártida ainda não haviam sentido a pressão de um pé humano em suas costas — e mesmo elas, com o tempo, a sentiriam.* Durante esse avanço, todas as outras espécies de hominíneos desapareceram. O *Homo sapiens* é a última. A única que restou.

Durante quase toda a sua história, os humanos foram caçadores e coletores e, como todos os forrageadores sábios, conheciam os melhores lugares para suas atividades. Pouco tempo depois de o gelo ter avançado ao máximo, visitas frequentes a locais repetidos para colher plantas úteis exerceram uma seleção natural sobre elas a fim de que produzissem frutos e sementes que fossem mais atraentes aos visitantes. Os padeiros começaram a moer as sementes de trigo selvagem e cevada para fazer farinha e assar pão há pelo menos 23 mil anos.[9] A agricultura surgiu em várias partes do mundo de forma mais ou menos simultânea no final do Pleistoceno, há 10 mil anos.[10]

Desde então, o aumento da população humana tem sido dramático. No momento, essa única espécie consome um quarto de todos os produtos da fotossíntese vegetal da Terra.[11] Inevitavelmente, esse sequestro significa menos recursos para todas as outras milhões de espécies, algumas das quais, como resultado, estão desaparecendo.

No entanto, a maior parte do crescimento foi, de fato, muito recente. O aumento exponencial da população é perceptível no intervalo de uma vida humana. A população mais que dobrou durante minha vida[12] e quadruplicou desde que meus avós nasceram. No panorama do tempo geológico, entretanto, a súbita ascensão da humanidade é insignificante.

* A Lua também. Mas como esta história é sobre a vida na Terra, isso sem dúvida foge do escopo da minha tarefa.

*

A maior parte do impacto da humanidade no planeta ocorreu a partir da Revolução Industrial, que começou há cerca de trezentos anos, quando o *Homo sapiens* passou a usar o poder do carvão em escala industrial.

O carvão é formado dos restos de florestas carboníferas ricos em energia. Um pouco mais tarde, a humanidade aprendeu a localizar e extrair petróleo, uma mistura densa de energia de hidrocarbonetos líquidos criada pela lenta transformação dos fósseis de plâncton, conforme são prensados e aquecidos devagar pela rocha que se acumula nas camadas acima. A queima desses combustíveis fósseis tem estimulado o crescimento da população humana ainda mais que a agricultura — mas só nas gerações mais recentes.

O dióxido de carbono é um importante subproduto da queima de combustíveis fósseis, junto com outros gases, como o dióxido de enxofre e os óxidos de nitrogênio. Assim, o processamento do petróleo libera diversos poluentes exóticos, que vão do chumbo ao plástico. Entre os resultados estão o aumento acentuado da temperatura; as extinções generalizadas de animais e plantas; a acidificação dos oceanos em detrimento dos recifes de corais etc. O efeito geral tem sido bastante semelhante ao que poderia ter ocorrido se uma pluma mantélica tivesse chegado à superfície por meio de sedimentos orgânicos.

Comparada às várias eructações que levaram o Permiano a um final tão agonizante, a atual perturbação induzida pelo homem será extremamente breve. Medidas já estão sendo tomadas para reduzir a emissão de dióxido de carbono e encontrar outras fontes de energia além dos combustíveis fósseis. O pico de carbono causado pelo ser humano será alto, mas muito estreito — talvez estreito demais para ser detectado no longo prazo.

Os humanos existem em grandes números há um tempo tão curto que em, digamos, 250 milhões de anos, os vestígios de poucas pessoas — ou talvez de nenhuma — terão sido preservados. Esses prospectores do futuro, com equipamentos da mais refinada sensibilidade, talvez — nada mais que *talvez* — sejam capazes de detectar sinais débeis de isótopos incomuns, indicando que, em um curto intervalo ao longo da era do gelo cenozoica, *algo aconteceu*, mas talvez sejam incapazes de dizer exatamente o quê.

Nos próximos milhares de anos, o *Homo sapiens* desaparecerá. A causa será, em parte, o pagamento de uma dívida de extinção há muito vencida. A porção de habitat ocupada pela humanidade é nada menos que a Terra inteira, e, progressivamente, os seres humanos a estão tornando menos habitável.

A principal razão, porém, será uma falha na renovação populacional. A população humana provavelmente atingirá o limite no século atual, depois do qual diminuirá. Em 2100, a humanidade será menor do que é hoje.[13] Embora os humanos se esforcem para reparar os danos causados à Terra por suas atividades, eles não sobreviverão mais que alguns milhares e dezenas de milhares de anos.

Os humanos já são notavelmente homogêneos em termos genéticos, quando comparados com nossos parentes mais próximos entre os macacos. Esse é um sinal de que houve um ou mais gargalos genéticos no início da história humana, seguidos por uma rápida expansão — um legado das várias vezes em que, no passado remoto, a humanidade passou perto da extinção.[14] A extinção será o resultado combinado de variação genética insuficiente em razão de episódios profundos na Pré-História; dívida de extinção causada pela perda de habitat atual; falha reprodutiva, dadas as mudanças no comportamento humano e no meio ambiente; e problemas mais locais enfrentados por pequenos grupos isolados de outros semelhantes.

✷

As geleiras, no entanto, muitas vezes ainda vão se expandir e retroceder, avançar e recuar. A injeção de dióxido de carbono induzida pelo homem atrasará a data do próximo avanço glacial, mas, quando ele vier, será ainda mais repentino. O desprendimento de icebergs nos oceanos induzido pelo clima, especialmente no Atlântico Norte, adicionará tanta água doce ao mar que a corrente do Golfo ficará estagnada, e a Europa e a América do Norte mergulharão em uma glaciação de grande porte num intervalo menor que uma vida humana. Mas nenhum humano estará lá para sentir o frio.

Eles desaparecerão algum tempo antes de todo o dióxido de carbono gerado por sua atividade frenética finalmente se esgotar. O efeito estufa residual aliviará essa onda de frio por um tempo, até ela atacar de novo, e então chegará o primeiro episódio glacial repentino de uma sequência, seguidos de períodos mais quentes, até que, finalmente, o excesso de dióxido de carbono seja absorvido e a grande era do gelo cenozoica possa prosseguir sem mais interrupções.*

Em cerca de 30 milhões de anos, a Antártida terá se deslocado tanto para o norte que a água quente e equatorial varrerá os últimos vestígios da calota de gelo. Qual terá sido o custo, em vida, desse longo período de frio?

Todos os mamíferos terrestres maiores que texugos serão extintos. Não haverá mais grandes ungulados, elefantes, ri-

* Devo dizer que, deste ponto em diante, a maior parte do que digo é especulação, ou o que os cientistas chamam de "invencionices". Como alguém disse uma vez, é muito difícil fazer previsões, especialmente sobre o futuro.

nocerontes, leões, tigres, girafas ou ursos. Os marsupiais estarão perto do fim. O ornitorrinco e a equidna — mamíferos que põem ovos, cujas linhagens remontam às profundezas do Triássico — terão feito seus últimos ninhos. Não haverá mais primatas. O *Homo sapiens*, o último do grupo, terá desaparecido muito tempo antes.

Haverá algumas aves pequenas e certos lagartos e cobras. Répteis maiores, como tartarugas e jacarés, terão morrido, assim como todos os anfíbios restantes.

Ainda haverá muitos roedores, mas talvez seja difícil reconhecê-los como tais. As novas variedades de herbívoros serão descendentes de camundongos e ratos. Entre os carnívoros tradicionais, restarão apenas as formas menores, do tipo mangusto ou furão. Carnívoros maiores serão roedores revisitados. Exceto, é claro, pelos predadores mais aterrorizantes, que terão origem em morcegos gigantes que não voam.[15]

Ainda haverá peixes no mar. Os tubarões continuarão navegando como têm feito desde o Devoniano. Haverá recifes, compostos de um novo tipo de coral ou esponja.

E ainda haverá baleias, por um tempo.

Na mais panorâmica das escalas, a história da vida na Terra, com todo o seu drama, todas as suas idas e vindas, é governada por apenas duas coisas. Uma delas é o lento declínio na quantidade de dióxido de carbono na atmosfera. A outra é o aumento constante do brilho do Sol.[16]

Em grande parte, a vida é baseada na capacidade que as plantas fotossintéticas têm de converter o gás carbônico da atmosfera em matéria viva. Para fazer isso, a maioria delas requer uma concentração de dióxido de carbono na atmosfera de cerca de 150 ppm (partes por milhão). Isso se baseia na suposição de que as plantas convertem dióxido de carbono em açúcar usando apenas um tipo de fotossíntese, chamada de via "C3". Existe, no entanto, outro tipo de fotossíntese, a via "C4", que se vira com muito menos — apenas 10 ppm. O problema da via C4 é que ela precisa de mais energia, razão pela qual, na maioria das vezes, as plantas tendem a preferir a primeira via.[17]

Há alguns milhões de anos, com a evolução das gramíneas, especialmente na savana tropical, que tendem a usar a via C4, mais perdulária em energia, mas econômica em dióxido de carbono, houve uma mudança. No geral, e apesar dos picos e vales ocasionais, o dióxido de carbono vinha diminuindo constantemente ao longo da história da Terra, e, no meio da era cenozoica, chegou a um ponto tão baixo que a seleção natural começou a favorecer essa forma incomum de fotossíntese, apesar do custo extra.

Esse é apenas um exemplo da reação da vida aos desafios lançados pelas mudanças nas condições da Terra à qual ela está confinada. Por trás de muitos desses desafios está o aumento constante da quantidade de calor solar que chega à Terra; e os altos e baixos — mas, principalmente, os baixos — de gás carbônico.

Por que o dióxido de carbono está se tornando tão escasso e tão precioso? A resposta pode ser resumida em uma única palavra: desintegração. Novas rochas, impulsionadas através da terra até se tornarem montanhas, são erodidas rapidamente. Esse processo suga o dióxido de carbono da atmosfera. As rochas erodidas são moídas e se transformam em pó, que segue seu caminho e acaba chegando ao mar, onde é enterrado no solo oceânico.

Nos primeiros dias da Terra, toda a superfície do planeta estava coberta de oceano. Havia pouca ou nenhuma terra para erodir. Ao longo do tempo, no entanto, a proporção de terra aumentou constantemente e, com ela, o potencial de desintegração. Lenta e constantemente, a quantidade de gás carbônico removido da atmosfera aumentou em relação à taxa de reposição por meio, por exemplo, de erupções vulcânicas.[18]

Um dos primeiros desafios da vida ocorreu durante o Grande Evento de Oxidação, entre 2,4 bilhões e 2,1 bilhões de anos atrás. Um pico na atividade tectônica levou a um aumento acentuado no sequestro de carbono. O gás carbônico foi removido do ar. O mundo, deixando de se beneficiar do efeito estufa, foi coberto de gelo de polo a polo — o primeiro e maior episódio da Terra Bola de Neve — e mergulhou em uma era glacial que durou 300 milhões de anos. A gravidade disso foi exacerbada pelo fato de o Sol produzir muito menos calor do que hoje, fato que influenciaria o curso vital no planeta.

A vida respondeu aumentando sua complexidade. Bactérias individuais que viviam em associações pouco intensas reuniram seus recursos, e cada indivíduo se concentrou no aspecto da vida em que se saía melhor. Foi um exemplo clássico da divisão do trabalho, saído diretamente de Adam Smith e *A riqueza das nações*. Fábricas em que cada trabalhador se concentra em uma tarefa específica, em vez de cada um tentar fazer tudo sozinho, são muito mais eficientes do que a soma de suas partes. Da mesma forma, as novas células nucleadas, ou eucarióticas, podiam fazer mais com menos.

O grande desafio seguinte da vida aconteceu por volta de 825 milhões de anos atrás, com o desmembramento do supercontinente Rodínia. Como antes, isso levou a um aumento maciço da desintegração, ao sequestro de carbono e a outra série prolongada de eras glaciais. Essas eras glaciais causaram episódios de Terra Bola de Neve, embora não tenham durado tanto quanto o que congelou o planeta durante o Grande Evento de Oxidação. Embora houvesse mais terra para erodir, o Sol era mais quente do que é hoje.[19]

Naquela época, os eucariotas estavam de novo aumentando sua complexidade, diferentes células verdadeiramente nucleadas se agrupando para formar um organismo composto de muitas células diferentes, cada uma concentrada em uma tarefa distinta, como a digestão, a reprodução e a defesa. A evolução dos animais foi uma consequência direta das eras glaciais que se seguiram ao desmembramento de Rodínia.

Mais uma vez, a vida respondeu à grande perturbação ambiental por meio de uma revisão completa de sua economia doméstica. A multicelularidade permitiu que os organismos se tornassem maiores, se movessem mais rápido, avançassem e explorassem mais recursos de uma maneira que células eucarióticas individuais nunca poderiam.

Não que os eucariotas tenham olhado para seus calendários e, percebendo que estavam a 825 milhões de anos dos dias de hoje, tenham decidido unanimemente se tornar multicelulares. Criaturas multicelulares tinham evoluído muito antes, e eucariotas unicelulares — e bactérias — ainda seriam extremamente comuns. O que aconteceu foi que o estado multicelular se tornou mais corriqueiro, em vez de ser apenas uma esquisitice. Há 1 bilhão de anos, veríamos, ocasionalmente, a fronde de algas marinhas em meio a um mar de lodo. Há 800 milhões de anos, as algas marinhas estavam em toda parte. Há 500 milhões de anos, as algas marinhas pululavam ao lado dos animais, algumas grandes o suficiente para serem vistas a olho nu.

*

De forma semelhante, a vida está se preparando para a próxima transição de complexidade na evolução. Assim como bactérias se associaram para criar eucariotas e assim como eles se combinaram para criar animais multicelulares, plantas e fungos, esses organismos também se combinarão para produzir, nas últimas etapas da vida na Terra, um tipo totalmente novo de organismo, com poder e eficiência que nem sequer podemos imaginar.

As sementes foram plantadas há muito tempo.

Pouco depois de chegar à terra firme, as plantas descobriram que a vida era muito mais fácil ao formar associações estreitas com fungos subterrâneos chamados micorrizas, que se ligavam às raízes delas. As plantas supriam os fungos com os nutrientes da fotossíntese. Em troca, eles cavavam fundo no solo em busca de minerais.[20]

Hoje, a maioria das plantas terrestres se associa a micorrizas e, de fato, não poderia sobreviver sem elas. Da próxima vez que você caminhar pela floresta, considere que no chão, sob seus pés, as micorrizas de diferentes plantas se conectaram para trocar nutrientes, formando uma rede de internet das árvores que regula o crescimento de toda a flora. A floresta — com todas as suas árvores e micorrizas — é um único superorganismo.[21]

Isso porque os fungos têm o potencial de regular a vida em áreas muito grandes. Um dos maiores organismos conhecidos é um espécime do fungo *Armillaria bulbosa* cujos fios microscópicos se espalharam por uma área de quinze hectares em uma floresta no norte de Michigan. Embora não se perceba sua existência, ele tem uma massa total de mais de 10 mil quilos e vive há mais de 1500 anos.[22] Definir esse fungo como um indivíduo, porém, é difícil. Os filamentos dele se espalham, invisíveis, invasivos, insuspeitos, em todos os cantos e recantos, formando gigantescas associações secretas, enterradas na escuridão do solo.

Muito mais tarde, quando a era dos dinossauros chegava ao seu apogeu, o mundo das plantas passou por uma revolução silenciosa. Era a evolução das flores.

As plantas com flores começaram como pequenos seres que rastejavam nas margens de corpos d'água de todo o mundo, mas logo se tornaram muito mais comuns. Cem milhões de anos depois, elas são a forma dominante de planta terrestre.

Uma das vantagens das flores é que elas atraem polinizadores, em vez de depender do vento, do clima e do acaso para serem fertilizadas. Como em tantas outras áreas, a vida causou um curto-circuito no meio ambiente ao gerar as plantas com flores, distorcendo as probabilidades em seu favor.

Assim, talvez não tenha sido coincidência que a origem das flores ocorreu junto com um aumento dramático no número de insetos polinizadores, especialmente formigas, abelhas e vespas (coletivamente, *Hymenoptera*) e borboletas e mariposas (*Lepidoptera*).[23] Esses insetos já existiam havia milhões de anos, mas o surgimento das flores impulsionou sua evolução.

Algumas plantas e seus polinizadores têm relações tão próximas que não conseguem sobreviver um sem o outro. Os figos, por exemplo, não podem se reproduzir sem as vespas-do-figo, que construíram suas vidas em torno da planta. O que consideramos os frutos do figo são, na verdade, habitats criados para e pelas vespas.[24] A relação entre a mandioca e a mariposa-da-mandioca é parecida, juntas formando um único organismo.[25]

*

Muitas formigas, abelhas e vespas evoluíram para uma condição nova e mais integrada, totalmente separada de suas associações com as plantas — embora a evolução destas tenha dado um impulso à evolução daquelas. Vários insetos se reúnem em colônias gigantescas nas quais os indivíduos são especializados em tarefas específicas, como proteção ou busca por alimento. Notavelmente, a reprodução é atribuída a um único indivíduo, a rainha. Assim como em um organismo multicelular, os assuntos reprodutivos se concentram em uma população distinta de células.

Essas colônias são superorganismos e chegam a mostrar comportamentos variados que, de outra forma, seriam características de um só animal. Por exemplo, algumas colônias da formiga forrageira *Pogonomyrmex barbatus* tendem a enviar menos forrageadoras durante as secas do que outras colônias, e essa restrição é compensada pela fundação de novas colônias.[26] Assim como os humanos, as formigas formam associações íntimas com as bactérias que vivem dentro delas e com outros animais do entorno. Elas cultivam ativamente jardins de fungos. E cuidam de bandos de pulgões domesticados para obter o melado que eles secretam.

A organização social é uma característica ligada ao sucesso.[27] O êxito do *Homo sapiens* pode ser atribuído a essa tendência de organização, na qual — como insetos sociais — os indivíduos tendem a se especializar em tarefas específicas. Tal constituição permite acumular mais recursos, com maior facilidade, do que seria possível para indivíduos sozinhos. Quantas pessoas no mundo de hoje seriam capazes de viver com algum conforto se fossem obrigadas a suprir até mesmo suas necessidades mais básicas? O mesmo vale para os insetos sociais. Era verdade antes de eles surgirem, e será verdade muito depois que os humanos forem extintos. De fato, os benefícios de indivíduos pequenos e da organização em grande escala se tornarão ainda mais importantes no futuro.

Com o passar do tempo, e diante da escassez de gás carbônico, associações como essa se tornarão mais comuns. Organismos individuais ficarão menores e usarão recursos de modo mais eficiente, se aliando a superorganismos sociais muito maiores. Ao mesmo tempo, as plantas dependerão dos animais para fornecer dióxido de carbono e polinizá-las. Vegetais com associações menos próximas acabarão morrendo de fome. Vespas-do-figo e mariposas-da-mandioca já são muito diferentes, na forma e no comportamento, de seus parentes mais livres e independentes.

As plantas desenvolverão associações mais íntimas com seus polinizadores, especialmente se forem insetos sociais. Essa mudança vai se acelerar até que os insetos se tornem simples veículos para mediar a fertilização e fornecer dióxido de carbono. No final, eles serão pouco mais que órgãos microscópicos dentro da planta, da mesma forma que as mitocôndrias dentro de nossas células já foram bactérias de vida livre. A reprodução dos insetos se tornará completamente sincronizada com a dos vegetais. Eles terão se tornado um só.

Mas as plantas também terão mudado a ponto de se tornarem irreconhecíveis. Talvez fiquem parecidas com fungos, com a maior parte de seu corpo na forma de raízes ou tubérculos subterrâneos, possivelmente expandidos em cavernas ocas e inchadas, nas quais seus insetos transformados em vermes microscópicos, ou mesmo células ameboides — seus parceiros produtores de dióxido de carbono —, viverão a vida inteira dedicados a auxiliar a fertilização de pequenas flores produzidas internamente. Apenas de vez em quando uma planta enviará tecido fotossintético acima do solo. Mas, com menos dióxido de carbono a ser coletado, e murchadas pelo calor crescente do Sol, "de vez em quando" se tornará "raramente", que se tornará "quase nunca".

Alguns vegetais, porém, enviarão pequenas flores acima do solo para liberar e coletar pólen ao vento, para manter a diversidade genética e, talvez, como sinais, uma espécie de semáforo, para dizer que nem tudo está perdido.

E, no entanto, a Terra ainda se move. Daqui a 250 milhões de anos, os continentes terão novamente convergido em um supercontinente, o maior até agora. Muito parecido com a Pangeia, ele ficará sobre o equador.[28] Grande parte do interior será o mais seco dos desertos, cercado por cadeias de montanhas de altura e extensão titânicas.

Nele haverá poucos sinais de vida. No mar, a vida será mais simples, e grande parte dela ficará concentrada no fundo. A terra parecerá completamente sem vida. Uma ilusão. Ainda haverá vida, mas será preciso cavar — uma distância longa, muito longa — para encontrá-la.

Mesmo hoje, uma vasta legião de seres vivos vive no subsolo, desconsiderada, mais profunda até que as raízes das plantas, mais profunda que as micorrizas e os fungos como o *Armillaria*, embora eles possam percebê-la.

No subsolo profundo vivem bactérias que extraem minerais, sobrevivendo parcamente com a energia obtida pela conversão de uma forma em outra.[29] Entre as rachaduras, essas bactérias são predadas por uma série de criaturas minúsculas.[30] A maioria são vermes cilíndricos, chamados nematelmintos, a forma de vida animal mais negligenciada e ignorada, embora infeste animais e plantas tão completamente que um cientista observou que, se toda a vida na Terra fosse transparente, exceto esses vermes, ainda assim seria possível ver as formas fantasmagóricas das árvores, dos animais, das pessoas e do próprio solo.[31]

A vida na biosfera ultrassubterrânea continua de forma tão preguiçosa que, em comparação, faz as geleiras parecerem tão vivas quanto bezerrinhos. Tão lenta, na verdade, que mal se distingue da morte. As bactérias crescem bem devagar, se dividem raramente e podem viver por milênios. Conforme o mundo esquentar e o dióxido de carbono na atmosfera se tornar mais escasso, a vida nas profundezas vai ser mais veloz.

O próprio calor vai incitá-la, assim como a invasão, vinda de cima, de um novo tipo de organismo, um compósito quase inimaginável do que terão sido, em um passado distante, criaturas chamadas fungos, plantas e animais, mas que são o último reduto de vida perto da superfície do planeta. Esses superorganismos colocarão as bactérias lentas das profundezas para trabalhar, oferecendo um porto seguro em troca de energia e nutrientes, pois a fotossíntese será coisa do passado.

Os filamentos de aparência fúngica dos superorganismos se ramificarão pela crosta terrestre, sempre em busca de mais sustento, mais organismos para reunir, até que, um dia, no final da noite da Terra, os filamentos de todos os superorganismos se encontrarão e se fundirão. No fim, talvez, os seres vivos possam se reunir em uma única entidade viva, desafiando a morte da luz.

A Terra continuará a se mover, embora mais devagar, como se estivesse com dor, porque o planeta agora está muito velho, como se tivesse artrite. As placas tectônicas não estão tão bem lubrificadas quanto antes.

Na juventude do planeta, os grandes motores de calor convectivo que impulsionavam a deriva continental eram alimentados por uma fornalha nuclear: o decaimento lento e radioativo de elementos como urânio e tório, forjados nos segundos finais de uma supernova, que fugiram para o centro do planeta quando ele se formou, há tanto tempo. Quase todos esses elementos se esgotaram.

O supercontinente que converge cerca de 800 milhões de anos no futuro será o maior da história do planeta. Também será o último. Pois os continentes, cujo deslocamento inquieto tem sido o combustível para a vida e, muitas vezes, seu inimigo, finalmente terão parado.

Não haverá vida na superfície. Mesmo nas profundezas do subsolo, os últimos seres darão seu suspiro final. As formas de vida que restaram no mar, convergindo em torno de fontes hidrotermais, morrerão de fome à medida que os "fumantes" de hidrogênio e enxofre, ricos em minerais, caem e morrem.

Em cerca de 1 bilhão de anos, a vida na Terra, que tão habilmente transformou cada desafio à sua existência em uma oportunidade para florescer, finalmente terá expirado.[32]

Epílogo

Parafraseando o que alguém disse uma vez em outro contexto, a carreira de todos os seres vivos termina em extinção. Até mesmo a própria vida não vai durar. O *Homo sapiens* não será uma exceção.

Talvez não uma exceção, mas, apesar de tudo, uma excepcionalidade. Embora a maioria das espécies de mamíferos dure cerca de 1 milhão de anos, e o *Homo sapiens*, mesmo em seu sentido mais amplo, exista há menos da metade desse tempo, a humanidade é uma espécie excepcional. Pode durar milhões de anos mais — ou cair morta subitamente na próxima terça-feira.

A razão pela qual o *Homo sapiens* é excepcional é que é a única espécie que, até onde se sabe, tomou consciência de seu lugar no mundo. Tornou-se consciente do dano que está causando ao planeta e, portanto, começou a tomar medidas para limitá-lo.

Atualmente, há muita preocupação de que o *Homo sapiens* tenha precipitado o que tem sido chamado de a "sexta" extinção em massa, um evento de magnitude semelhante à das "Cinco Grandes", as extinções no final dos períodos Permiano, Cretáceo, Ordoviciano, Triássico e Devoniano — eventos detectáveis no registro geológico centenas de milhões de anos depois.

Embora seja verdade que a taxa de extinção "de fundo" — o arroz com feijão do dia a dia de espécies que evoluem e se extinguem, cada qual por suas próprias razões — aumentou desde a evolução dos humanos e é especialmente alta no presente, a humanidade precisará continuar o que está fazendo por mais quinhentos anos para que a atual taxa de extinção seja comparável à das Cinco Grandes.[1] Isso é quase o dobro do intervalo entre a Revolução Industrial e os dias atuais. Muito dano foi feito, mas ainda há tempo para evitar que se torne tão ruim quanto poderia ser se a humanidade não fizesse nada. Não é a sexta extinção. Pelo menos, por enquanto.

A humanidade também precipitou um episódio de aquecimento global devido, em grande parte, à emissão repentina de dióxido de carbono na atmosfera. Os efeitos do aquecimento global já estão sendo sentidos e estão causando perturbações significativas na saúde e na segurança humanas, bem como na vida de muitas espécies diferentes.

Pode-se dizer, é claro, que é da natureza do clima ser mutável: que nosso planeta já foi uma bola de magma; já foi um mundo de água; já se revestiu de selva de polo a polo; e já se envolveu em gelo com vários quilômetros de espessura.

Deter a mudança climática, portanto, pode parecer um exercício de arrogância narcisista colossal, como o rei Canuto advertiu seus cortesãos que sugeriram que qualquer rei digno desse nome deveria ser capaz de reverter a maré com uma ordem. É tentador responder PAREM AS PLACAS TECTÔNICAS! ou PAREM JÁ AS PLACAS TECTÔNICAS!, quando somos confrontados com slogans como SALVE O PLANETA! Afinal, a Terra já existia 4,6 bilhões de anos antes de o *Homo sapiens* aparecer, e ainda estará aqui muito depois que ele se for.

Tal visão dispéptica só seria justificada se a humanidade não tivesse consciência de suas atividades como, digamos, as primeiras bactérias fotossintéticas que adulteraram a atmosfera com quantidades pequenas, mas letais, do veneno mortal que hoje conhecemos como oxigênio molecular.

No entanto, *temos* consciência disso e já estamos tomando medidas para agir de forma mais responsável. Em todo o mundo, a emissão de combustíveis fósseis vem sendo eliminada em favor de alternativas menos poluentes. Por exemplo, o terceiro trimestre de 2019 foi o primeiro intervalo em que o Reino Unido gerou mais eletricidade de fontes renováveis do que de usinas de energia que queimam combustíveis fósseis, e a tendência é melhorar ainda mais.[2] As cidades estão mais limpas e verdes.

Cinquenta anos atrás, quando a população da Terra era metade do número atual, havia sérias preocupações de que a humanidade logo não conseguiria se alimentar.[3] Cinquenta anos depois, no entanto, a Terra suporta o dobro de pessoas, que são, em geral, mais saudáveis e vivem mais, e em um estado de maior afluência do que antes. Avançou-se o debate acerca do dano causado pela significativa desigualdade social, em vez de discutir-se a ausência de recursos.

Os seres humanos estão começando a se sustentar de forma mais econômica. Eles o fazem rápido e com algum entusiasmo. Embora o consumo per capita de energia ainda esteja aumentando em todo o mundo, ele diminuiu em alguns países de renda alta. No Reino Unido e nos Estados Unidos, o consumo de energia per capita atingiu o pico na década de 1970, mantendo-se mais ou menos o mesmo até os anos 2000, quando passou a diminuir de forma acentuada: no Reino Unido, o uso de energia per capita decresceu em quase um quarto só nos últimos vinte anos.[4]

Os humanos também são mais bem educados do que antes. Em 1970, apenas um em cada cinco humanos permanecia na escola até os doze anos. Hoje esse número é pouco mais de um em cada dois (51%), podendo atingir 61% até 2030,[5] segundo projeções.

A população humana, que antes ameaçava ultrapassar todos os limites de controle, atingirá o pico no presente século, e em seguida começará a cair. Em 2100, será menor do que é agora.[6]

Tecnologia mais eficiente e melhorias na agricultura foram responsáveis por muitas dessas coisas. Mas talvez o fator mais importante na melhoria da condição humana ao longo do século passado tenha sido o empoderamento reprodutivo, político e social das mulheres, especialmente nos países em desenvolvimento. Agora que as mulheres têm domínio cada vez maior sobre seus próprios corpos e maior participação nos assuntos humanos, a humanidade dobrou sua força de trabalho, melhorou sua eficiência energética geral e reduziu o crescimento populacional.

Ainda há muitos desafios pela frente. No entanto, a humanidade, como a vida sempre fez, responderá — está respondendo — a eles pela divisão do trabalho e, assim, fazendo muito mais com menos recursos.

O *Homo sapiens*, contudo, acabará extinto, mais cedo ou mais tarde.

Talvez haja uma cláusula de rescisão, mas, quando examinada de perto, ela se revelará ilusória. Este livro trata da vida na Terra e mostra que as condições no planeta, um dia, se tornarão hostis demais para qualquer tipo de vida, não importando quão engenhosa ela seja. Mas não abordei como a vida pode se estender além da Terra.

Embora se saiba que alguns organismos podem resistir à exposição ao espaço,[7] o *Homo sapiens* é a primeira espécie da Terra que, até onde se sabe, partiu deliberadamente para o espaço, estabeleceu uma estação espacial tripulada em órbita e pôs os pés em outro mundo, a Lua. Portanto, é possível que os seres humanos deixem a Terra de modo regular e até vivam de modo definitivo no espaço, seja em superfícies planetárias ou habitats artificiais.

Por enquanto, isso parece improvável. No momento em que escrevo, apenas um punhado de pessoas visitou a Lua,* todas antes de 1972. Isso não é necessariamente uma razão para pessimismo. Quando os primeiros humanos modernos, vivendo na costa do sul da África há cerca de 125 mil anos, desenvolveram cosméticos e aprenderam a desenhar e usar arco e flecha pela primeira vez, a tecnologia nasceu brilhante, para depois ser aparentemente esquecida, às vezes por milhares de anos, até que, enfim, foi readquirida e acabou se tornando uma coisa comum. Pode ser que essas atividades exijam um número suficiente de pessoas, vivendo suficientemente perto umas das outras, para sustentá-las e garantir que os ofícios e as habilidades necessárias sejam mantidos.

As viagens espaciais, que parecem abandonadas, estão voltando à tona após uma longa dormência e podem se tornar rotina. As melhorias na tecnologia permitiram que as viagens espaciais não sejam mais tão caras a ponto de só os governos poderem se dar ao luxo de promovê-las. Empresas privadas se envolveram na empreitada. A perspectiva de pessoas visitando o espaço para ver a vista não é mais uma questão de ficção

* ... e todos eram machos, o que limita um pouco as oportunidades reprodutivas.

científica. No início, os únicos clientes serão os fabulosamente ricos — mas isso também já foi verdade para as viagens aéreas.

Vale a pena notar a rapidez com que a tecnologia evoluiu. Por exemplo, cinquenta anos separaram o primeiro pouso humano na Lua (julho de 1969) do primeiro voo transatlântico de avião (junho de 1919), realizado por dois pilotos corajosos em uma engenhoca que, aos olhos modernos, parece um frágil arranjo de lona, madeira e motores de cortador de grama amarrados com barbante.

Apesar disso tudo, a extinção ainda será o destino da humanidade, mesmo que, um dia, a espécie chegue às estrelas. As colônias de humanos serão muito pequenas e separadas por grandes distâncias, aumentando a possibilidade de que muitas entrem em colapso por falta de pessoas e diversidade genética, e aquelas que tiverem sucesso acabarão por divergir em espécies diferentes. Não haverá como escapar disso.

Qual será, então, o legado humano? Quando comparado ao período da vida na Terra, nenhum. Toda a história humana, tão intensa e tão breve, todas as guerras, toda a literatura, todos os príncipes e ditadores em seus palácios, toda a alegria, todo o sofrimento, todos os amores, sonhos e realizações, não deixarão mais que uma camada, com milímetros de espessura, em alguma futura rocha sedimentar até que ela também seja erodida a pó e acabe no fundo do oceano.

De alguma forma, porém, isso torna ainda *mais* significativo, ainda mais importante, que procuremos preservar o que temos, para tornar nossa efêmera existência a mais confortável possível, para nós mesmos e nossos companheiros de espécie.

Criador de estrelas, de Olaf Stapledon (1886-1950), é talvez a obra de ficção especulativa mais audaciosa já publicada. O fato de que poucos tenham ouvido falar dela talvez seja uma função de sua imensidão ameaçadora (embora o livro em si seja bastante curto). Trata-se da história do nosso cosmos, que (na história) leva mais de 400 bilhões de anos para se formar — e esse é apenas um dos vários universos. A história da humanidade ocupa um mero parágrafo.

O protagonista sai de casa depois de uma discussão com sua esposa. Sentado na encosta de uma colina, é tomado por uma visão em que é transportado para o cosmos. Ao encontrar outros viajantes, ele se torna parte de uma comunidade de almas que se envolve em muitas aventuras até que, reunidos em uma mente cósmica, encontram o Criador. Nosso universo é apenas um experimento de Seu ofício — a oficina do Criador está dispersa em outros universos de brinquedo. Além disso, universos ainda mais extraordinários estão por vir.

Voltando para casa, o protagonista reflete sobre suas viagens. Vale lembrar que Stapledon era um pacifista convicto que, no entanto, testemunhou em primeira mão os horrores da guerra, tendo trabalhado no serviço de ambulância dos Amigos na Frente Ocidental. *Criador de estrelas* foi publicado em 1937, quando o mundo estava entrando em outro conflito global: algo que o protagonista discute no prólogo e no posfácio do livro.

Como pode, pergunta o narrador, uma pessoa comum enfrentar um horror tão desumano?

Ele oferece "dois sinais luminosos de orientação". O primeiro, "nosso luminoso átomo de comunidade". O segundo, aparentemente antitético, "a luz fria das estrelas", na qual assuntos como guerras mundiais são de pouca importância. Ele conclui: "Estranho que pareça mais, não menos, urgente fazer parte desse desafio, esse breve esforço de animálculos que lutam para obter para sua raça algum aumento de lucidez antes da escuridão final".

Portanto, não se desespere. A Terra resiste, e a vida ainda está viva.

Sugestões de leitura

Como você verá, este livro traz notas extensas que detalham algumas das pesquisas primárias nas quais ele se baseia. Por natureza, artigos científicos são destinados a serem lidos por outros cientistas. Aqui, em contraste, ofereço algumas sugestões de leitura adicionais que, espero, sejam mais acessíveis.

BENTON, Michael J. *When Life Nearly Died*. Londres: Thames & Hudson, 2003. A história da extinção do final do Permiano em detalhes aterrorizantes (e, portanto, envolventes), com uma análise das possíveis causas.

BERREBY, David. *Us and Them*. Nova York: Little, Brown, 2005. A respeito do comportamento humano, em particular a facilidade com que formamos grupos e alianças mutuamente hostis. Este é o melhor livro de antropologia que já li. Pode espalhar.

BRANNEN, Peter. *The Ends of the World*. Londres: Oneworld, 2017. A história das várias extinções em massa na história da Terra.

BRUSATTE, Steve. *The Rise and Fall of the Dinosaurs*. Londres: Macmillan, 2018. [Ed. bras.: *Ascensão e queda dos dinossauros: uma nova história de um mundo perdido*. Trad. de Catharina Pinheiro. Rio de Janeiro: Record, 2019.] Um livro conciso, atual e emocionante acerca do que há de mais recente nas pesquisas sobre dinossauros.

CLACK, Jennifer. *Gaining Ground*. Bloomington: Indiana University Press, 2012. Guia sobre a origem dos vertebrados terrestres desde seus primórdios nos peixes.

DIXON, Dougal. *After Man*. Londres: Granada, 1981. Uma visão divertida sobre como a vida selvagem poderia ser daqui a 50 milhões de anos se os seres humanos desaparecessem hoje.

FORTEY, Richard. *The Earth: An Intimate History*. Londres: HarperCollins, 2005. Toda a história do nosso planeta de uma perspectiva geológica.

FRASER, Nicholas. *Dawn of the Dinosaurs*. Bloomington: Indiana University Press, 2006. A história do período Triássico, injustamente negligenciado. Ilustrações evocativas de Douglas Henderson.

GEE, Henry. *In Search of Deep Time*. Nova York: The Free Press, 1999, publicado no Reino Unido como *Deep Time*. Londres: Fourth Estate, 2000. Um livro que alerta sobre o assunto deste que você tem em mãos: usar um registro fóssil incompleto para contar uma história. Em vez disso, pode-se usar o registro para delinear muitas histórias possíveis, algumas das quais muito mais interessantes do que aquela que você achava que conhecia.

______. *The Accidental Species*. Chicago: University of Chicago Press, 2013. Seu guia prático para o estudo das origens e da evolução humanas, desbancando alguns mitos e destronando a humanidade de seu alto status.

______. *Across the Bridge*. Chicago: University of Chicago Press, 2018. Um guia das origens dos vertebrados, o grupo de animais ao qual pertencemos.

______; REY, Luis V. *A Field Guide to Dinosaurs*. Londres: Aurum, 2003. Um guia para viajantes ao mundo dos dinossauros; é muito especulativo. Vale a pena pela incrível arte de Luis V. Rey.

GIBBONS, Ann. *The First Human*. Nova York: Anchor, 2006. A história da pesquisa sobre as origens humanas, por uma comentarista líder na área.

LANE, Nick. *The Vital Question*. Londres: Profile, 2005. [Ed. bras.: *Questão vital: por que a vida é como é?* Trad. de Talita M. Rodrigues. Rio de Janeiro: Rocco, 2017.] Uma visão de como a vida começou, por um escritor cheio de entusiasmo.

LIEBERMAN, Daniel. *The Story of the Human Body*. Londres: Allen Lane, 2013. [Ed. bras.: *A história do corpo humano: evolução, saúde e doença*. Trad. de Maria Luiza X. de A. Borges. Rio de Janeiro: Zahar, 2015.] Um relato da evolução humana e por que nosso estilo de vida moderno é tão inadequado para nossa herança.

MCGHEE, George R., Jr. *Carboniferous Giants and Mass Extinction*. Nova York: Columbia University Press, 2018. Relato animado do mundo nos períodos Carbonífero e Permiano.

NIELD, Ted. *Supercontinent*. Londres: Granta, 2007. A história da deriva continental e o ciclo de meio bilhão de anos do supercontinente.

PROTHERO, Donald R. *The Princeton Field Guide to Prehistoric Mammals*. Princeton: Princeton University Press, 2017. Se você está confuso sobre teniodontes e tilodontes, pantodontes e dinocerados, este livro é para você. Lindas ilustrações de Mary Persis Williams.

SHUBIN, Neil. *Your Inner Fish*. Londres: Penguin, 2009. Como a herança dos peixes pode ser encontrada nos humanos que vivem hoje.

STRINGER, Chris. *The Origin of Our Species*. Londres: Allen Lane, 2011. A história de como o *Homo sapiens* veio a ser como é.

STUART, Anthony J. *Vanished Giants*. Chicago: University of Chicago Press, 2021. Visão detalhada, porém acessível, da extinção da maioria dos grandes animais no final do Pleistoceno. Alguém sabia que existia uma espécie chamada "*yesterday's camel*" [camelo de ontem]?

THEWISSEN, J. G. M. "Hans". *The Walking Whales*. Oakland: University of California Press, 2014. A incrível história de como um grupo de animais terrestres voltou ao mar e se tornou totalmente marinho em apenas 8 milhões de anos.

WARD, Peter; BROWNLEE, Donald. *The Life and Death of Planet Earth*. Nova York: Henry Holt, 2002. Um prognóstico sombrio do futuro da vida em nosso planeta.

WILSON, Edward O. *The Social Conquest of Earth*. Nova York: Liveright, 2012. [Ed. bras.: *A conquista social da Terra*. Trad. de Ivo Korytowski. São Paulo: Companhia das Letras, 2013.] Polêmica apaixonada do fundador da sociobiologia sobre como a evolução produziu superorganismos que herdaram a Terra, sejam eles formigas ou humanos.

Agradecimentos

Depois de *Across the Bridge* [Do outro lado da ponte], jurei que não escreveria outro livro.

“Não vou escrever outro livro”, exclamei ao meu colega David Adam. Na época, David era repórter e redator-chefe da *Nature*, onde nós dois trabalhávamos. Eu costumava interromper David para conversar sobre livros. Ele havia escrito dois: *O homem que não conseguia parar* [Trad. de Flávia de Assis. Rio de Janeiro: Objetiva, 2015] e *The Genius Within* [O gênio interior].

Ignorando meus protestos, David sugeriu que eu escrevesse algo a respeito das incríveis pesquisas sobre fósseis que tivera o privilégio de encontrar, ao longo dos anos, em minha mesa na *Nature*.

Ainda declarando que não escreveria outro livro, escrevi o livro.

Era mais uma exposição reveladora do que um livro de divulgação científica, intitulada *Vamos falar sobre Rex: uma história pessoal da vida na Terra*. Minha agente, Jill Grinberg, da Jill Grinberg Literary Management, estava ansiosa para ler o que eu estava escrevendo, mas eu ponderei que, sendo uma revelação pessoal e sem censuras, mostrando até as verrugas, seria melhor eu escrever o livro inteiro e compartilhá-lo com todos aqueles que eram mencionados pelo nome antes que fosse publicado. Ela concordou. E foi isso que fiz.

Os primeiros sinais de inquietação vieram de meus pais, que diziam que estava tudo muito bom, querido, mas quem, além dos mencionados, realmente se interessaria por ele? Jill sugeriu que eu tentasse uma narrativa mais direta. Assim começou uma conversa que levou meses de rascunhos, muitos bytes de e-mail e várias conversas telefônicas até tarde da noite, antes que a versão final surgisse.

David Adam merece os primeiros agradecimentos, pois o livro foi ideia dele, pelo menos de início. Se você não gostou, culpe-o. Embora eu me lembre de nossa colega Helen Pearson ter ajudado.

Muitas pessoas viram partes do livro enquanto ele era escrito, e algumas até fizeram sugestões úteis, embora, é claro, os erros sejam inteiramente meus, assim como muitas das especulações fantasiosas. Agradeço pelos sábios conselhos de Per Erik Ahlberg, Michel Brunet, Brian Clegg, Simon Conway Morris, Victoria Herridge, Philippe Janvier, Meave Leakey, Oleg Lebedev, Dan Lieberman, Zhe-Xi Luo, Hanneke Meijer, Mark Norell, Richard "Bert" Roberts, De-Gan Shu, Neil Shubin, Magdalena Skipper, Fred Spoor, Chris Stringer, Tony Stuart, Tim White, Xing Xu e especialmente Jenny Clack, que enviou comentários durante sua doença terminal. Este livro é dedicado à memória dela.

Steve Brusatte (autor de *Ascensão e queda dos dinossauros*) fez muitos comentários úteis e deu o rascunho a seus alunos, muitos dos quais ofereceram gentilmente seus próprios comentários. Desse modo, obrigado a Matthew Byrne, Eilidh Campbell, Alexiane Charron, Nicole Donald, Lisa Elliott, Karen Helliesen, Rhoslyn Howroyd, Severin Hryn, Eilidh Kirk, Zoi Kynigopoulou, Panayiotis Louca, Daniel Piroska, Hans Püschel, Ruhaani

Salins, Alina Sandauer, Ruby Stevens, Struan Stevenson, Michaela Turanski, Gabija Vasiliauskaite e um aluno que optou por permanecer anônimo.

Peço desculpas a qualquer pessoa merecedora de menção cujo nome eu tenha omitido por descuido.

Jill me representa desde o milênio passado. Já passamos por muita coisa juntos. Quando ela vendeu meu primeiro livro comercial, *In Search of Deep Time* [Em busca do tempo profundo], voei para Nova York para levá-la para jantar. Nunca se diga que a era do cavalheirismo está morta. Foi sob a orientação de Jill que aquilo que começou como um livro de memórias grosseiro se transformou no livro que está diante de você, que chamou a atenção de Ravindra Mirchandani, da Picador, e George Witte, da St. Martin's Press, que assumiu o projeto em um momento muito difícil (a pandemia de Covid-19 estava em pleno andamento). Agradeço a Ravi, George, Jill e todos os seus colegas por levarem o projeto adiante.

O livro teria sido impossível se eu não tivesse tido a sorte de ter sido contratado pela revista científica *Nature* naquela sexta-feira, 11 de dezembro de 1987, pelo grande e saudoso John Maddox, permitindo-me assim ver de camarote o desfilar de descobertas durante o que talvez seja o período mais emocionante da história da ciência.

Devo mais agradecimentos a minha família, pelo encorajamento, embora meus mais sinceros agradecimentos sejam dedicados a minha esposa Penny, cuja reação habitual às exclamações de que eu jamais vou escrever outro livro é um sorriso de cumplicidade.

Foi Penny quem me trancou em meu escritório entre as sete e as nove horas todas as noites (exceto sextas e sábados) com uma xícara de chá, dois biscoitos digestivos e minha fiel cachorra Lulu.

Eu nunca teria conseguido sem elas.

Notas

CRÔNICAS DE FOGO E GELO [PP. 9-21]

1. Veja, por exemplo, Robin M. Canup e Erik Asphaug, "Origin of the Moon in a Giant Impact Near the End of The Earth's Formation". *Nature*, v. 412, pp. 708-12, 2001; Jay Melosh, "A New Model Moon". *Nature*, v. 412, pp. 694-5, 2001.

2. Isso explica por que a Terra e a Lua têm composições semelhantes e também por que a Lua é bastante especial. Comparada com a maioria dos satélites do Sistema Solar, a Lua é muito grande em relação ao seu corpo primário (a Terra, nesse caso). (Veja Alessandra Mastrobuono-Battisti et al., "A Primordial Origin for the Compositional Similarity Between the Earth and the Moon". *Nature*, v. 520, pp. 212-5, 2012.)

3. Para ilustrar quão ativa a Terra é até hoje, a placa tectônica da Austrália está se movendo para o norte na direção da Indonésia, amassando-a à medida que avança a uma taxa duas vezes mais rápida que a do crescimento das unhas do professor Bert Roberts, da Universidade de Wollongong (conforme me disse o próprio Bert — as taxas de crescimento das unhas podem variar). Pode parecer pouco, mas aumenta com o tempo. Conforme a Austrália avança para o norte, a margem norte de Java é deformada para baixo e submerge. Se você já sobrevoou a costa norte de Java, como eu, talvez tenha percebido que, no passado, os distritos mais ao norte da cidade de Jacarta foram abandonados ao mar. E Bert continua tendo que cortar as unhas.

4. Como estou contando isso tudo mais como uma história do que como um exercício científico, algumas das coisas que direi têm mais base em evidências do que outras. As circunstâncias da origem da vida são talvez menos compreendidas do que qualquer outra coisa que discutirei — exceto, talvez, por grande parte do último capítulo. Esta é a parte que mais se aproxima de "invencionice". Parte do

problema é que a própria vida é muito difícil de definir, assunto abordado por Carl Zimmer em seu livro *Life's Edge* (Dutton, 2021).

5. Mais especificamente, as membranas acumulam carga elétrica e permitem que ela se dissipe realizando um trabalho útil, como impulsionar reações químicas. É basicamente assim que uma bateria funciona. Então, assim como agora, os seres vivos eram movidos a eletricidade. Isso é surpreendentemente poderoso. Como a diferença de carga entre o interior e o exterior das células é mensurável, mas a distância é microscópica, a diferença de potencial pode ser muito grande, da ordem de 40 a 80 mV (milivolts). Para um relato vibrante do papel da carga elétrica na origem da vida e muito mais, veja o livro de Nick Lane, *Questão vital* (Trad. de Talita M. Rodrigues. Rio de Janeiro: Rocco, 2017).

6. Pense nos adolescentes e como a compreensão e a consciência deles aumentam às custas da ordem do entorno.

7. As rochas mais antigas que sobrevivem desde os primeiros dias da Terra têm entre 3,8 e 4 bilhões de anos; no entanto, sabe-se que cristais minúsculos, mas muito robustos, de um mineral chamado zircão sobreviveram mais de 4,4 bilhões de anos, resultado do intemperismo em rochas ainda mais antigas que, desde então, sofreram erosão até desaparecerem por completo. Alguns desses zircões antigos trazem sinais — meros fantasmas da memória de sombras vislumbradas pelo canto do olho — de que a vida passou por ali há mais de 4 bilhões de anos. Os seres vivos têm uma química única relacionada, em grande parte, aos átomos de carbono. Quase todos os átomos de carbono são de uma variedade, ou "isótopo", conhecida como carbono-12. Uma pequena proporção de átomos de carbono é do isótopo conhecido como carbono-13, que é um pouco mais pesado. Os tipos de reações químicas que ocorrem nos seres vivos são tão intensos que eles rejeitam o carbono-13 e, portanto, são ricos em carbono-12 em relação ao ambiente inorgânico — e essa discrepância pode ser medida. Rochas muito antigas que contêm carbono, mas um pouco menos de carbono-13 que o esperado em relação ao carbono-12, podem indicar que a vida já esteve presente, mesmo que os vestígios corporais tenham desaparecido — da mesma forma que a presença do gato de Cheshire, que desaparece gradualmente, pode ser revelada pelo seu sorriso que persiste. É nesse tipo de evidência que se baseia a afirmação de que a vida já existia na Terra há pelo menos 4,1 bilhões de anos. Ela vem de um cristal de zircão que tem uma mancha de grafite de carbono com relativa riqueza de carbono-12, sugerindo que a vida na Terra começou há tanto tempo que sua origem antecede as primeiras rochas. (Veja Simon A. Wilde et al., "Evidence from Detrital Zircons for the Existence of Continental Crust and Oceans on the Earth 4.4 Gyr Ago". *Nature*, v. 409, pp. 175-8, 2001.)

8. Veja Emmanuelle J. Javaux, "Challenges in Evidencing the Earliest Traces of Life". *Nature*, v. 572, pp. 451-60, 2019, para um lembrete salutar dos problemas de interpretar fósseis muito antigos.

9. No momento em que escrevo este livro, a evidência mais antiga geralmente aceita de vida na Terra vem de um corpo de rocha chamado Strelley Pool Chert,

na Austrália, que preserva os vestígios não de um ou dois fósseis, mas de todo um ecossistema de recifes que prosperou em um oceano quente e ensolarado há cerca de 3,43 bilhões de anos. (Veja Abigail C. Allwood et al., "Stromatolite Reef from the Early Archaean Era of Australia". *Nature*, v. 441, pp. 714-8, 2006.) Existem outras hipóteses, que remontam a mais de 4 bilhões de anos, mas seu status é controverso.

10. Pelo menos até a evolução de animais que pudessem pastar neles. Hoje, os estromatólitos sobrevivem apenas naqueles lugares raros que os animais não conseguem alcançar. Um desses lugares é a baía Shark, na Austrália Ocidental, um corpo de água muito salgado para que qualquer coisa, exceto o lodo, sobreviva.

11. Isso é estranho, porque o Sol não era tão brilhante como é agora, uma circunstância conhecida como o "paradoxo do jovem Sol fraco". É um paradoxo porque a Terra realmente deveria ter sido uma bola de gelo. No entanto, a atmosfera primitiva estava cheia de gases de efeito estufa potentes, como o metano, que mantinham a temperatura alta.

12. As causas do Grande Evento de Oxidação ainda são muito debatidas. As evidências sugerem um período mais extenso de atividade que trouxe gases do interior profundo da Terra para a superfície. (Veja Timothy W. Lyons et al., "The Rise of Oxygen in the Earth's Early Ocean and Atmosphere". *Nature*, v. 506, pp. 307-15, 2014; Bernard Marty et al., "Geochemical Evidence for High Volatile Fluxes from the Mantle at the End of the Archaean". *Nature*, v. 575, pp. 485-8, 2019; e James Eguchi et al., "Great Oxidation and Lomagundi Events Linked by Deep Cycling and Enhanced Degassing of Carbon". *Nature Geoscience*, v. 13, pp. 71-6, 2020. Disponível em: <www.doi: 10.1038/s41561-019-0492-6>. Acesso em: 21 fev. 2024.)

13. Veja Russell H. Vreeland et al., "Isolation of a 250 Million-Year-Old HaloTolerant Bacterium from a Primary Salt Crystal". *Nature*, v. 407, pp. 897-900, 2000; John Parkes, "A Case of Bacterial Immortality?". *Nature*, v. 407, pp. 844-5, 2000.

14. É possível que essa tendência tenha sido impulsionada pelo trauma do Grande Evento de Oxidação.

15. Veja Joran Martijn et al., "Deep Mitochondrial Origin Outside Sampled Alphaproteobacterial". *Nature*, v. 557, pp. 101-5, 2018.

16. A fusão entre diferentes tipos de bactérias e Archaea para criar células nucleadas foi rastreada por um tipo de arqueologia molecular que decompõe os eventos de fusão (Maria C. Rivera e James A. Lake, "The Ring of Life Provides Evidence for a Genome Fusion Origin of Eukaryotes". *Nature*, v. 431, pp. 152-5, 2004; William Martin e T. Martin Embley, "Early Evolution Comes Full Circle". *Nature*, v. 431, pp. 134-7, 2004). A identidade de Archaeon que formou o núcleo era obscura, pois também teria de ter características de células nucleadas que Archaea não possuem, como um esqueleto em miniatura de fibras proteicas. Archaea desse tipo

já foram descobertas em sedimentos do fundo do mar (veja Anja Spang et al., "Complex Archaea that Bridge the Gap Between Prokaryotes and Eukaryotes". *Nature*, v. 521, pp. 173-9, 2015; T. Martin Embley e Tom A. Williams, "Steps on the Road to Eukaryotes". *Nature*, v. 521, pp. 169-70, 2015; Katarzyna Zaremba-Niedzwiedska et al., "Asgard Archaea Illuminate the Origin of Eukaryote Cellular Complexity". *Nature*, v. 541, pp. 353-8, 2017; James O. McInerney e Mary J. O'Connell, "Mind the Gaps in Cell Evolution". *Nature*, v. 541, pp. 297-9, 2017; Laura Eme et al., "Archaea and the Origin of Eukaryotes". *Nature Reviews Microbiology*, v. 15, pp. 711-23, 2017). Após um esforço heroico, essas células foram cultivadas em laboratório (Hiroyuki Imachi et al., "Isolation of an Archaeon at the Prokaryote-Eukaryote Interface". *Nature*, v. 577, pp. 519-25, 2020; Christa Schleper e Filipa L. Sousa, "Meet the Relatives of Our Cellular Ancestor". *Nature*, v. 577, pp. 478-9). Curiosamente, as células são muito pequenas, mas estendem longas gavinhas que abraçam bactérias próximas, algumas delas necessárias para sua sobrevivência; um possível precursor para a formação de células (Gautam Dey et al., "On the Archaeal Origins of Eukaryotes and the Challenges of Inferring Phenotype from Genotype". *Trends in Cell Biology*, v. 26, pp. 476-85, 2016).

17. Ainda hoje, a maioria dos eucariotas vive no confinamento de uma célula única. Os eucariotas unicelulares incluem as amebas e os paramécios, encontrados em qualquer lago de jardim, bem como muitos organismos que causam doenças, como malária, doença do sono tropical e leishmaniose. Entre os eucariotas com corpos que consistem em muitas células unidas, incluem-se animais, plantas e fungos, além de muitas algas, como as marinhas, embora mesmo eucariotas multicelulares passem parte de seu ciclo de vida como uma única célula. Você, cara pessoa que está lendo, veio de uma única célula.

18. "Sexo" é totalmente distinto de "gênero". No início, os participantes produziam células sexuais de tamanho mais ou menos igual. O "gênero" entrou em cena quando um "tipo de parceiro" produziu células sexuais grandes em pequena quantidade, que chamamos de "óvulos", e o outro produziu células sexuais muito pequenas em grande quantidade, que chamamos de "espermatozoides". É do interesse dos produtores de espermatozoides fertilizar o maior número possível de óvulos, mas isso entra em conflito com os interesses dos produtores de óvulos, que tendem a ser muito mais exigentes quanto à qualidade dos espermatozoides que permitirão fertilizar seu estoque limitado de óvulos. Havia começado a guerra entre machos e fêmeas.

19. A vida multicelular evoluiu muitas vezes, de forma bem independente (veja Arnau Sebé-Pedros et al., "The Origin of Metazoa: A Unicellular Perspective". *Nature Reviews Genetics*, v. 18, pp. 498-512, 2017). Além dos animais, há as plantas e seus parentes próximos: as algas verdes, vários tipos de algas vermelhas e marrons e fungos variados. A maioria dos eucariotas, no entanto, ainda é unicelular — assim como *todas* as células sexuais dos eucariotas, inclusive óvulos e espermatozoides humanos. De certa maneira, portanto, pode-se ver a multicelularidade como um mecanismo de apoio para permitir o suprimento mais eficiente de células sexuais.

20. Os protistas compreendem uma vasta gama de organismos eucariotas unicelulares altamente diversos que costumavam ser relegados a um "grupo lata de lixo" chamado "protozoários". Além da vida familiar dos lagos, como a ameba e o paramécio, eles incluem criaturas importantes para o sistema terrestre, como dinoflagelados, que causam as "marés vermelhas", e foraminíferos e cocolitóforos, que criam para si mesmos carapaças minerais de rara beleza; para a medicina, como os parasitas da malária e os tripanossomas, causadores da doença do sono; e para a curiosidade e a admiração gerais, como o dinoflagelado *Nematodinium*, que tem um olho perfeitamente formado, com uma camada semelhante à córnea, uma lente e uma retina (veja Gregory S. Gavelis, "Eye-Like Ocelloids Are Built from Different Endosymbiotically Acquired Components". *Nature*, v. 523, pp. 204-7, 2015). Os protistas são como um jack russell terrier: o que lhes falta em tamanho, eles compensam em personalidade.

21. Ver Paul K. Strother et al., "Earth's First Non-Marine Eukaryotes". *Nature*, v. 473, pp. 505-9, 2011.

22. Os liquens são associações tão íntimas de algas e fungos que podem ser reconhecidos como espécies distintas. Para uma deliciosa dissertação sobre liquens, veja o livro *A trama da vida: como os fungos constroem o mundo*, de Merlin Sheldrake (trad. de Gilberto Stam. São Paulo: Ubu/ Fósforo, 2021).

23. Veja Nicholas J. Butterfield, "*Bangiomorpha Pubescens* n. Gen. n. Sp.: Implications for the Evolution of Sex, Multicellularity, and the Mesoproterozoic/Neoproterozoic Radiation of Eukaryotes". *Paleobiology*, v. 26, pp. 386-404, 2000.

24. Veja Corentin C. Loron et al., "Early Fungi from the Proterozoic Era in Arctic Canada". *Nature*, v. 570, pp. 232-5, 2019.

25. Veja Abderrazak El Albani et al., "Large Colonial Organisms with Coordinated Growth in Oxygenated Environments 2.1 Gyr Ago". *Nature*, v. 466, pp. 100-4, 2010.

26. As placas tectônicas respiram. A cada poucas centenas de milhões de anos, os continentes se agregam em uma única massa de terra supercontinental, que se desfaz novamente quando plumas mantélicas das profundezas da Terra a perfuram por baixo, separando-os mais uma vez. O supercontinente mais recente foi a Pangeia, que atingiu sua maior extensão há cerca de 250 milhões de anos. Rodínia foi o anterior; antes dele, houve Colúmbia; e há evidências de outros ainda mais antigos. Tudo que você precisa saber sobre placas tectônicas pode ser encontrado em *Supercontinent*, do meu amigo Ted Nield (Londres: Granta, 2007). Ted me garante que o livro não é sobre uma superabstenção sexual, como alguns podem ter pensado.

CONGREGAÇÃO DOS ANIMAIS [PP. 23-35]

1. Tirei muito deste capítulo do artigo de Timothy M. Lenton et al., "Co--Evolution of Eukaryotes and Ocean Oxigenation in the Neoproterozoic Era". *Nature Geoscience*, v. 7, pp. 257-65, 2014.

2. A data de origem das esponjas é controversa. As reveladoras espículas mineralizadas que formam o esqueleto das esponjas raramente, ou nunca, aparecem antes do Cambriano, e fósseis "moleculares" que se pensava serem indicativos da presença de esponjas podem ter sido formados por protistas. (Veja J. Alex Zumberge et al., "Demosponge Steroid Biomarker 26-methylstigmastane Provides Evidence for Neoproterozoic Animals". *Nature Ecology & Evolution*, v. 2, pp. 1709-14, 2018; Joseph P. Botting e Benjamin J. Nettersheim, "Searching for Sponge Origins". *Nature Ecology & Evolution*, v. 2, pp. 1685-6, 2018; Benjamin J. Nettersheim et al., "Putative Sponge Biomarkers in Unicellular Rhizaria Question an Early Rise of Animals". *Nature Ecology & Evolution*, v. 3, pp. 577-81, 2019.)

3. Veja Michael Tatzel et al., "Late Neoproterozoic Seawater Oxigenation By Siliceous Sponges". *Nature Communications*, v. 8, p. 621, 2017. É inevitável lembrar do último livro de Darwin, *The Formation of Vegetable Mould through the Action of Worms* [A formação da terra vegetal pela ação das minhocas], publicado em 1881, pouco antes da morte do grande homem. Seria preciso se esforçar muito para encontrar um livro com um título menos atraente, mas, dito isso, uma vez encontrei nas prateleiras de livros enviados à *Nature* para resenha um grande volume chamado *Activated Sludge* [Lodo ativado]. Mas estou divagando. *Worms* [Minhocas] (como é usualmente conhecido entre os conhecedores de Darwin) mostra como a ação das minhocas revolvendo o solo pode, ao longo de imensos períodos, transformar a paisagem. Dado que esse pequeno livro encapsulava os grandes temas de tempo e mudança que dominaram a vida de Darwin em um guia que podia ser compreendido por todos, *Worms* é a pedra angular perfeita para seu gênio. Sendo Darwin, ele realmente mediu os efeitos das minhocas registrando quanto tempo uma pedra colocada no gramado de seu quintal levava para diminuir pela ação das minhocas que revolviam o solo abaixo dela.

4. Tecnicamente, o termo plâncton se refere a uma parte do oceano, e não aos organismos que vivem nele. O plâncton é a camada superficial do oceano iluminada pelo sol, rica em oxigênio produzido pelas algas fotossintéticas, e as comunidades de animais que vivem nas algas e uns nos outros. Muitos animais que habitam o fundo do oceano quando adultos (inclusive as esponjas) têm larvas que vivem no plâncton.

5. Veja Graham A. Logan et al., "Terminal Proterozoic Reorganization of Biogeochemical Cycles". *Nature*, v. 376, pp. 53-6, 1995.

6. Veja Jochen J. Brocks et al., "The Rise of Algae in Cryogenic Oceans and the Emergence of Animals". *Nature*, v. 548, pp. 578-81, 2017.

7. O nome da fauna ediacarana vem das cadeias de montanhas no sul da Austrália, onde os primeiros fósseis dessa idade foram descobertos. Desde então, fósseis ediacaranos foram encontrados em locais dispersos por todo o mundo, desde a gélida Rússia ártica, da Terra Nova canadense varrida pelo vento e dos desertos da Namíbia até os arredores relativamente mansos da Inglaterra central.

8. Acredita-se agora que *Dickinsonia* tenha sido um animal, embora não esteja claro de que tipo. (Veja Ilya Bobrovskiy et al., "Ancient Steroids Establish the Ediacaran Fossil *Dickinsonia* as One of the Earliest Animals". *Science*, v. 361, pp. 1246-9, 2018.)

9. Veja Mikhail Fedonkin e Benjamin Waggoner, "The Late Precambrian Fossil *Kimberella* is a Mollusc-Like Bilaterian-Organism". *Nature*, v. 388, pp. 868-71, 1997.

10. Veja Mikhail A. Mitchell et al., "Reconstructing the Reproductive Mode of an Ediacaran Macro-Organism". *Nature*, v. 524, pp. 343-6, 2015.

11. Gregory Retallack sugeriu que alguns animais ediacaranos viviam em terra, uma afirmação que é, para dizer o mínimo, controversa. (Veja Gregory Retallack, "Ediacaran Life on Land". *Nature*, v. 493, pp. 89-92, 2013; Shuhai Xiao e L. Paul Knauth, "Fossils Come into Land". *Nature*, v. 493, pp. 28-9, 2013.)

12. Veja Zhe Chen et al., "Death March of a Segmented and Trilobate Bilaterian Elucidates Early Animal Evolution". *Nature*, v. 573, pp. 412-5, 2019.

13. Invariavelmente, as partes duras dos animais são feitas de compostos de cálcio. Em mariscos, é carbonato de cálcio. Em animais com coluna vertebral, como peixes e seres humanos, é fosfato de cálcio. (Veja Shanan E. Peters e Robert R. Gaines, "Formation of the 'Great Unconformity' as a Trigger for the Cambrian Explosion". *Nature*, v. 484, pp. 363-6, 2012.)

14. É muito difícil descobrir que tipo de animal produziu os esqueletos cônicos empilhados chamados *Cloudina*. A preservação rara de tecidos moles sugere que eles foram feitos por animais semelhantes a vermes com trato digestivo. (James D. Schiffbauer et al., "Discovery of Bilaterian-Type Through-Guts in Cloudinomorphs from the Terminal Ediacaran Period". *Nature Communications*, v. 11, p. 205, 2020.)

15. Veja Stefan Bengtson e Yue Zhao, "Predatorial Borings in Late Precambrian Mineralized Exoskeletons". *Science*, v. 257, pp. 367-9, 1992.

16. Os artrópodes constituem, de longe, o grupo animal de maior sucesso. Nesse time incluem-se os insetos e seus primos marinhos, os crustáceos; milípedes e centopeias; aranhas, escorpiões, ácaros e carrapatos, bem como os mais obscuros picnogonídeos (aranhas-do-mar) e xiphosura (caranguejos--ferradura) e uma série de formas extintas, como euripterídeos e, claro, os trilobitas. Primos próximos dos artrópodes, os curiosos onicóforos, ou vermes aveludados, hoje são humildes criaturas da serrapilheira dos solos das florestas tropicais, mas já tiveram uma nobre história marinha; e os tardígrados, ou

ursos-d'água — pequenas criaturas encontradas entre musgos, curiosamente cativantes por serem quase indestrutíveis, sendo capazes de resistir à ebulição, ao congelamento e ao vácuo do espaço. Se alguém da Marvel ou da DC Comics estiver lendo isto, você perdeu a oportunidade de inventar o Homem Tardígrado. Fica a dica.

17. O *Tamisiocaris*, um parente do *Anomalocaris*, parece ter sido mais pacífico, tendo desenvolvido escovas em forma de franjas em seus apêndices frontais em forma de garra, adequados para coletar plâncton, à maneira das cerdas das baleias ou dos rastros branquiais de um tubarão-frade (Jakob Vinther et al., "A Suspension-Feeding Anomalocarid from the Early Cambrian". *Nature*, v. 507, pp. 496-9, 2014). Ao contrário de muitas formas cambrianas, os anomalocaridídeos sobreviveram até o Ordoviciano, quando as espécies filtradoras cresceram até o imenso tamanho de dois metros. (Peter Van Roy et al., "Anomalocaridid Trunk Limb Homology Revealed by a Giant Filter-feeder with Paired Flaps". *Nature*, v. 522, pp. 77-80, 2015.)

18. Talvez não seja tão verdadeiro dizer isso agora quanto na década de 1980, quando Stephen Jay Gould escreveu *Wonderful Life* (Nova York: W. W. Norton & Company, 1990), sua ode ao Folhelho de Burgess, um livro que trouxe aos holofotes esse olhar sobre a vida oceânica. Gould sugeriu que muitos dos animais de Burgess não tinham parentes próximos entre os animais que vivem hoje.

19. Veja Zhifei Zhang et al., "New Reconstruction of the *Wiwaxia* Scleritome, with Data from Chengjiang Juveniles". *Scientific Reports*, v. 5, 14810, 2015.

20. Veja Jean-Bernard Caron et al., "A Soft-Bodied Mollusc with Radula from the Middle Cambrian Burgess Shales". *Nature*, v. 442, pp. 159-63, 2006; Stefan Bengtson, "A Ghost with a Bite". *Nature*, v. 442, pp. 146-7, 2006.

21. Veja Martin R. Smith e Jean-Bernard Caron, "Primitive Soft-Bodied Cephalopods from the Cambrian". *Nature*, v. 465, pp. 469-72, 2010; Stefan Bengtson, "A Little Kraken Wakes". *Nature*, v. 465, pp. 427-8, 2010.

22. Veja, por exemplo, Xiaoya Ma et al., "Complex Brain and Optic Lobes in an Early Cambrian Arthropod". *Nature*, v. 490, pp. 258-61, 2012. Isso, obviamente, é controverso — alguns pesquisadores sugerem que o sistema nervoso reconstruído do *Fuxianhuia* é mais aparente do que real e resulta, em vez disso, de halos bacterianos formados pela decomposição de órgãos internos. Veja Jianni Liu et al., "Microbial Decay Analysis Challenges Interpretation of Putative Organ Systems in Cambrian Fuxianhuiids". *Proceedings of the Royal Society of London Series B*, v. 285, 20180051. Disponível em: <www.doi.org/10.1098/rspb.2018.0051>. Acesso em: 20 set. 2022.

23. Para uma análise mais esmiuçada da transição entre Ediacarano e Cambriano, veja Rachel Wood et al., "Integrated Records of Environmental Change and Evolution Challenge the Cambrian Explosion". *Nature Ecology & Evolution*, v. 3, pp. 528-38, 2019.

24. Embora se deva acrescentar que muitos tipos de animais conhecidos hoje têm registros fósseis que são exíguos ou totalmente ausentes. Muitos deles eram parasitas de corpo mole. O registro fóssil de nematoides, ou lombrigas, é quase (mas não totalmente) inexistente. De tênias fósseis não há nenhum sinal.

SURGE A COLUNA VERTEBRAL [PP. 37-49]

1. Veja Jian Han et al., "Meiofaunal Deuterostomes from the Basal Cambrian of Shaanxi (China)". *Nature*, v. 542, pp. 228-31, 2017. Embora o *Saccorhytus* seja real, sua anatomia interna descrita aqui é inteiramente conjectural, e boa parte da história antiga dos vertebrados é alvo de debate. Um dos pontos mais discutíveis é se os curiosos animais conhecidos como vetulicolianos — vamos conhecê-los em breve — tinham notocordas. Para a história completa, incluindo todas as advertências, convido você a ler meu livro *Across the Bridge: Understanding the Origin of the Vertebrates* (Chicago: University of Chicago Press, 2018).

2. Veja Degan Shu et al., "Primitive Deuterostomes from the Chengjiang Lagerstätte (Lower Cambrian, China)". *Nature*, v. 414, pp. 419-24, 2001, que comentei em: Henry Gee, "On Being Vetulicolian". *Nature*, v. 414, pp. 407-9, 2001.

3. Vi isso realizado de maneira formidável em um diorama 3D animado no Museu de História Natural de Xangai, que dava vida à biota de Chengjiang do sul da China cambriana. Entre muitas outras maravilhas, mostrava um cardume de vetulicolianos navegando em águas abertas.

4. Essa é a interpretação defendida por J.-Y. Chen et al., "A Possible Early Cambrian Chordate". *Nature*, v. 377, pp. 720-2, 1995; "An Early Cambrian Craniate--like Chordate". *Nature*, v. 402, pp. 518-22, 1999, embora outras explicações sejam possíveis, como frequentemente é o caso para fósseis estranhos e antigos. Veja, por exemplo, Degan Shu et al., "Reinterpretation of *Yunnanozoon* as the Earliest Known Hemichordate". *Nature*, v. 380, pp. 428-30, 1996.

5. Veja Simon Conway Morris e Jean-Bernard Caron, "*Pikaia gracilens* Walcott, A Stem-Group Chordate from the Middle Cambrian of British Columbia". *Biological Reviews*, v. 87, pp. 480-512, 2012.

6. Degan Shu et al., "A *Pikaia*-like Chordate from the Lower Cambrian of China". *Nature*, v. 384, pp. 157-8, 1996.

7. O fato de que a forma do corpo dos vertebrados era, essencialmente, uma aliança incômoda entre duas regiões muito diferentes — uma faringe para alimentação e uma cauda para movimento — foi compreendido por Alfred Sherwood Romer em um artigo difícil, mas visionário, "The Vertebrate as a Dual Animal — Somatic and Visceral". *Evolutionary Biology*, v. 6, pp. 121-56, 1972.

8. Jun-Yuan Chen et al., "The First Tunicate from the Early Cambrian of China". *Proceedings of the National Academy of Sciences of the United States of America*, v. 100, pp. 8314-8, 2003. Os tunicados são até hoje um grupo de animais negligenciado, mas muito bem-sucedido. Alguns se desviaram do ciclo de vida descrito no texto. Em algumas espécies, a larva se torna madura enquanto ainda é móvel. Estes, as salpas e os larváceos tornaram-se importantes na ecologia dos oceanos abertos. Os larváceos podem ser pequenos, mas cada um deles cria uma intrincada "casa" feita de muco; essas estruturas notavelmente complexas são partes importantes do ciclo do carbono oceânico. A localização remota e a fragilidade deles impõem imensos desafios para obter imagens suas, algo que só se tornou possível recentemente (veja Kakani Katija et al., "Revealing Enigmatic Mucus Structures in the Deep Sea Using DeepPIV". *Nature*, v. 583, pp. 78-82, 2020). Outros tunicados, no entanto, se tornaram coloniais, com centenas ou milhares de animais fundidos em um único superorganismo, que pode ficar ancorado ou flutuando na água. Os pirossomas, por exemplo, formam enormes colônias flutuantes em forma de trompete. Embora cada indivíduo seja pequeno, a colônia pode ser grande o suficiente para os mergulhadores nadarem dentro delas. Alguns tunicados podem se reproduzir sem sexo, por brotamento. Outros têm vidas sexuais de intrincada complexidade. A vida de um tunicado é como um éden marinho longo e livre.

9. Bem, *quase* todos. Alguns tunicados tornaram-se carnívoros, um modo de vida que algumas criaturas acham tentador, por mais inadequado que pareça. Todo mundo está familiarizado com uma planta carnívora. E, justamente quando você achava que era seguro relaxar na banheira, existem até esponjas carnívoras. (Jean Vacelet e Nicole Boury-Esnault, "Carnivorous Sponges". *Nature*, v. 373, pp. 333-5, 1995.)

10. Simon Conway Morris e Jean-Bernard Caron, "A Primitive Fish from the Cambrian of North America". *Nature*, v. 512, pp. 419-22, 2014.

11. Degan Shu et al., "Lower Cambrian Vertebrates from South China". *Nature*, v. 402, pp. 42-6, 1999.

12. A transformação de uma faringe filtradora em um conjunto de brânquias pode parecer drástica, e é. No entanto, é realizada por um vertebrado até hoje, a larva da lampreia. A larva, chamada ammocoete, passa sua vida como um anfioxo, enterrada, com a cauda para baixo, em sedimentos. No fim, ela se metamorfoseia, e a faringe filtradora se transforma na faringe do predador adulto. As lampreias e seus primos, os peixes-bruxa (que, até onde se sabe, não têm estágios larvais filtradores), são semelhantes aos primeiros peixes, pois são inteiramente moles, sustentados por uma notocorda elástica, e não têm mandíbulas. Sua boca está alinhada com dentes feitos de uma substância semelhante à de um chifre. Lampreias e peixes-bruxa são predadores notórios, mostrando que a ausência de mandíbula não é barreira para a vida como um caçador.

13. Como os vertebrados ficaram tão grandes, em termos do mecanismo que os impulsionou, é um mistério. Duas respostas possíveis, que não são mutuamente excludentes, são as seguintes. A primeira é que em algum momento na ancestralidade dos vertebrados, o genoma (a totalidade do material genético) foi duplicado, e duplicado novamente. Embora muitos dos genes duplicados tenham sido posteriormente perdidos, os vertebrados têm mais que o dobro do número de genes dos invertebrados. A segunda é que os vertebrados embrionários possuem um tecido chamado "crista neural", que consiste em um grupo de células que migram do sistema nervoso central em desenvolvimento e se espalham pelo corpo, transformando — como se fosse com pó mágico de fadas — partes indiferenciadas do corpo em algo novo. Sem a crista neural, os vertebrados não teriam pele, rosto, olhos ou ouvidos. A crista neural também cria uma longa lista de outras partes do corpo, desde as glândulas suprarrenais até partes do coração. É possível que o aumento da complexidade gerado pela crista neural tenha levado ao tamanho grande (veja Stephen A. Green et al., "Evolution of Vertebrates as Viewed from the Crest". *Nature*, v. 520, pp. 474-82, 2015). O anfioxo é notável por sua ausência de crista neural, embora haja indícios dela em tunicados (veja Ryoko Horie et al., "Shared Evolution Origin of Vertebrate Neural Crest and Cranial Placodes". *Nature*, v. 560, pp. 228-32, 2018; Philip Barron Abitua et al., "Identification of a Rudimentary Neural Crest in a Non-Vertebrate Chordate". *Nature*, v. 492, pp. 104-7, 2012).

14. O maior invertebrado conhecido é a lula-colossal (*Mesonychoteuthis hamiltoni*), que, acredita-se, tem uma massa de cerca de 750 quilos, comparável à de um grande urso. O menor vertebrado conhecido em comprimento é provavelmente o *Paedophryne amauensis*, um sapo da Nova Guiné que mede cerca de 7,7 milímetros de comprimento (sua massa não é conhecida). Em termos de massa, os menores mamíferos são o musaranho-de-dentes-brancos--pigmeu (*Suncus etruscans*, com menos de 2,6 gramas) e o morcego-nariz-de--porco-de-kitti (*Craseonycteris thonglongyai*, com menos de dois gramas). Você precisaria de 375 mil morcegos-nariz-de-porco-de-kitti para contrabalançar uma lula-colossal.

15. Para uma introdução sobre o registro fóssil dos primeiros vertebrados, veja Philippe Janvier, "Facts and Fancies About Early Fossil Chordates and Vertebrates". *Nature*, v. 520, pp. 483-9, 2015.

16. Não se sabe por que os vertebrados escolheram o fosfato de cálcio em vez do carbonato de cálcio. No entanto, o fosfato é um nutriente vital que, ao contrário do onipresente carbonato, às vezes é escasso no mar. Talvez os vertebrados usassem o fosfato de cálcio como reserva de fosfato e também como meio de defesa. O fosfato é um ingrediente essencial do material genético, o DNA. Animais grandes com metabolismo rápido — como os vertebrados — precisam de maior acesso ao fosfato do que os menores e de metabolismo mais lento, e isso pode ter levado ao uso de fosfato de cálcio: como reserva, além de armadura.

17. Veja Alfred S. Romer, "Eurypterid Influence on Vertebrate History". *Science*, v. 78, pp. 114-7, 1933.

18. Veja Simon J. Braddy et al., "Giant Claw Reveals the Largest Ever Arthropod". *Biology Letters*, v. 4, 20 nov. 2007. Disponível em: <www. doi/10.1098/rsbl.2007. 0491>. Acesso em: 21 fev. 2024. É arrepiante pensar que o *Jaekelopterus* tinha parentes que às vezes vinham à praia e rondavam as florestas noturnas naquela época alienígena: veja Martin A. Whyte, "A Gigantic Fossil Artropod Trackway". *Nature*, v. 438, p. 576, 2005.

19. Veja Mark V. H. Wilson e Michael W. Caldwell, "New Silurian and Devonian Fork-Tailed 'Thelodonts' Are Jawless Vertebrates with Stomachs and Deep Bodies". *Nature*, v. 361, pp. 442-4, 1993.

20. Existe um defeito congênito raro chamado ciclopia em que o rosto tem um único olho mediano e não tem nariz, e o cérebro não é dividido em metades esquerda e direita. Os fetos com esse defeito quase sempre são natimortos e, caso contrário, não sobrevivem mais que algumas horas. Essa condição angustiante é resultado da falha do cérebro em se dividir em duas metades e do rosto em se alargar, e pode ser que seja uma lembrança dos estágios iniciais da evolução facial.

21. Zhikun Gai et al., "Fossil Jawless Fish from China Foreshadows Early Jawed Vertebrate Anatomy". *Nature*, v. 476, pp. 324-7, 2011.

22. Para um guia acessível sobre a evolução inicial dos vertebrados com mandíbulas, veja Martin D. Brazeau e Matt Friedman, "The Origin and Early Phylogenetic History of Jawed Vertebrates". *Nature*, v. 520, pp. 490-7, 2015.

23. Os vertebrados com mandíbula, então, têm dois pares de barbatanas pareadas, totalizando quatro barbatanas, as progenitoras de nossos braços e pernas. Não se sabe por que temos dois pares, em vez de três ou quatro ou mesmo nenhum. Às barbatanas emparelhadas somam-se as barbatanas da linha média, não emparelhadas, como as barbatanas dorsal, anal e caudal vistas em muitos peixes.

24. Talvez eles não tivessem dentes, mas os placodermes eram bons de cama. Agora há ampla evidência fóssil de que eles tinham fertilização interna e, possivelmente, nasciam vivos, como alguns tubarões de hoje. Veja, por exemplo, John A. Long et al., "Copulation in Antiarch Placoderms and the Origin of Gnathostome Internal Fertilization". *Nature*, v. 517, pp. 196-9, 2015.

25. Isso não significa que a evolução estivesse retrocedendo: apenas que boa parte da história dos placodermes ainda não foi descoberta e, presumivelmente, repousa imperturbada em rochas primitivas do Siluriano. Isso também se aplica aos primeiros peixes ósseos, encontrados nos mesmos depósitos silurianos no sul da China. Para detalhes sobre o *Entelognathus*, veja Min Zhu et al., "A Silurian Placoderm with Osteichthyan-Like Marginal Jaw Bones". *Nature*, v. 502, pp. 188-93, 2013; Matt Friedman e Martin D. Brazeau, "A Jaw-Dropping Fossil Fish". *Nature*, v. 502, pp. 175-7, 2013.

26. Bem, em quase todos. Mesmo um peixe ósseo avançado como o celacanto mantém uma notocorda ao longo da vida, como se fosse uma lampreia ou um peixe-bruxa.

27. A caixa craniana cartilaginosa dos acantódios raramente é preservada. No entanto, sabe-se o suficiente sobre os crânios do *Ptomacanthus*, a forma devoniana, e do *Acanthodes*, a forma permiana, para observar o parentesco com os tubarões. (Veja Martin D. Brazeau, "The Brain Case and Jaws of a Devonian 'Acanthodian' and Modern Gnathostome Origins". *Nature*, v. 457, pp. 305-8, 2009; Samuel P. Davis et al., "*Acanthodes* and Shark-Like Conditions in the Last Common Ancestor of Modern Gnathostomes". *Nature*, v. 486, pp. 247-50, 2012.)

28. Min Zhu et al., "The Oldest Articulated Osteichthyan Reveals Mosaic Gnathostome Characters". *Nature*, v. 458, pp. 469-74, 2009.

TERRA ADENTRO [PP. 50-62]

1. Veja Paul K. Strother et al., "Earth's First Non-Marine Eukaryotes", op. cit.

2. Veja Gregory Retallack, "Ediacaran Life on Land", op. cit.

3. A trilha se chama *Climactichnites* — seu criador, provavelmente algo como uma lesma gigante. Ver Patrick R. Getty e James W. Hagadorn, "Paleobiology of the *Climactichnites* Tracemaker". *Paleontology*, v. 52, pp. 753-78, 2009.

4. Para uma boa visão geral da história inicial da vida na terra, veja William A. Shear, "The Early Development of Terrestrial Ecosystems". *Nature*, v. 351, pp. 283-9, 1991.

5. Esse foi o Grande Evento de Biodiversificação do Ordoviciano, ou GOBE, na sigla em inglês. Para uma introdução sobre esse período fecundo da história da vida, veja Thomas Servais e David A. T. Harper, "The Great Ordovician Biodiversification Event (GOBE): Definition, Concept and Duration". *Lethaia*, v. 51, pp. 151-64, 2018.

6. Veja Luc Simon et al., "Origin and Diversification of Endomycorrhizal Fungi and Coincidence with Vascular Land Plants". *Nature*, v. 363, pp. 67-9, 1993.

7. Para uma excelente e muito detalhada explicação sobre as plantas das primeiras florestas, veja *Carboniferous Giants and Mass Extinction: The Late Paleozoic Ice Age World*, de George R. McGhee Jr. (Nova York: Columbia University Press, 2018).

8. Veja William Stein et al., "Giant Cladoxylopsid Trees Resolve the Enigma of the Earth's Earliest Forest Stumps at Gilboa". *Nature*, v. 446, pp. 904-7, 2007.

9. Isso é inteiramente especulativo. No entanto, dado que placodermes avançados e até membros de grupos modernos de peixes apareceram no Siluriano, talvez não seja algo tão improvável assim.

10. Veja Min Zhu et al., “Earliest Known Coelacanth Skull Extends the Range of Anatomically Modern Coelacanths to the Early Devonian”. *Nature Communications*, v. 3, p. 772, 2012.

11. Veja Peter L. Forey, “Golden Jubilee for the Coelacanth *Latimeria chalumnae*”. *Nature*, v. 336, pp. 727-32, 1988.

12. Veja Mark Erdmann et al., “Indonesian ‘King of the Sea’ Discovered”. *Nature*, v. 395, p. 335, 1998.

13. O peixe pulmonado australiano tem o maior genoma de todos os animais conhecidos, catorze vezes maior que o dos humanos. Embora semelhante ao genoma dos tetrápodes, está repleto de “lixo” acumulado durante sua longa história evolutiva. (Veja Axel Meyer et al., “Giant Lungfish Genome Elucidates the Conquest of the Land by Vertebrates”. *Nature*, v. 590, pp. 284-9, 2021.)

14. Veja Edward Daeschler et al., “A Devonian Tetrapod-Like Fish and the Evolution of the Tetrapod Body Plan”. *Nature*, v. 440, pp. 757-63, 2006.

15. Veja Richard Cloutier et al., “*Elpistostege* and the Origin of the Vertebrate Hand”. *Nature*, v. 579, pp. 549-54, 2020.

16. Veja Grzegorz Niedzwiedzki et al., “Tetrapod Trackways from the Early Devonian Middle of Poland”. *Nature*, v. 463, pp. 43-8, 2010.

17. Veja Jean Goedert et al., “Euryhaline Ecology of Early Tetrapods Revealed by Stable Isotopes”. *Nature*, v. 558, pp. 68-72, 2018. Parece muito estranho pensar nos primeiros tetrápodes — essencialmente, anfíbios — emergindo diretamente do mar, já que a maioria dos anfíbios que conhecemos vive em água doce. No entanto, ainda hoje, alguns anfíbios vivem em habitats de água salobra, como manguezais: veja Gareth R. Hopkins e Edmund D. Brodie, “Occurrence of Amphibians in Saline Habitats: A Review and Evolutionary Perspective”. *Herpetological Monographs*, v. 29, pp. 1-27, 2015.

18. Veja Colin W. Stearn, “Effect of the Frasnian-Famennian Extinction Event on the Stromatoporoids”. *Geology*, v. 15, pp. 677-9, 1987.

19. Veja Per Erik Ahlberg, “Potential Stem-Tetrapod Remains from the Devonian of Scat Craig, Morayshire, Scotland”. *Zoological Journal of the Linnean Society of London*, v. 122, pp. 99-141, 2008.

20. Veja Per Erik Ahlberg et al., “*Ventastega curonica* and the Origin of Tetrapod Morphology”. *Nature*, v. 453, pp. 1199-204, 2008.

21. Veja Oleg A. Lebedev, “The First Find of a Devonian Tetrapod in USSR”. *Doklady Akad. Nauk. SSSR*, v. 278, pp. 1470-73, 1984 (em russo).

22. Veja Pavel A. Beznosov et al., “Morphology of the First Reconstructable Tetrapod *Parmastega aelidae*”. *Nature*, v. 574, pp. 527-31, 2019; Nadia B. Fröbisch e Florian Witzmann, “Early Tetrapods had an Eye on the Land”. *Nature*, v. 574, pp. 494-5, 2019.

23. Veja Per Erik Ahlberg et al., "The Axial Skeleton of the Devonian Tetrapod *Ichthyostega*". *Nature*, v. 437, pp. 137-40, 2005.

24. Veja Michael I. Coates e Jennifer A. Clack, "Fish-Like Gills and Breathing in the Earliest Known Tetrapod". *Nature*, v. 352, pp. 234-6, 1991.

25. Veja Edward B. Daeschler et al., "A Devonian Tetrapod from North America". *Science*, v. 265, pp. 639-42, 1994.

26. Veja Michael I. Coates e Jennifer A. Clack, "Polydactyly in the Earliest Known Tetrapod Limbs". *Nature*, v. 347, pp. 66-9, 1990.

27. Veja Jennifer A. Clack et al., "Phylogenetic and Environmental Context of a Tournaisian Tetrapod Fauna". *Nature Ecology & Evolution*, v. 1, 0002, 2016.

28. Id., "A New Early Carboniferous Tetrapod with a *mélange* of Crown-Group Characters". *Nature*, v. 394, pp. 66-9, 1998.

29. Veja Tim R. Smithson, "The Earliest Known Reptile". *Nature*, v. 342, pp. 676-8, 1989; Tim R. Smithson e W. D. I. Rolfe, "*Westlothiana* gen. nov.: Naming the Earliest Known Reptile". *Scottish Journal of Geology*, v. 26, pp. 137-8, 1990.

À LUTA, AMNIOTAS [PP. 63-81]

1. Veja Le Yao et al., "Global Microbial Carbonate Proliferation After the End-Devonian Mass Extinction: Mainly Controlled by Demise of Skeletal Bioconstructors". *Scientific Reports*, v. 6, 39694, 2016.

2. Veja Jennifer A. Clack, "An Early Tetrapod from 'Romer's Gap'". *Nature*, v. 418, pp. 72-6, 2002.

3. Id., "Phylogenetic and Environmental Context of a Tournaisian Tetrapod Fauna", op. cit.

4. Veja Timothy Smithson et al., "Earliest Carboniferous Tetrapod and Arthropod Faunas from Scotland Populate Romer's Gap". *Proceedings of the National Academy of Science of the United States of America*, v. 109, pp. 4532-7, 2012.

5. Veja Jason D. Pardo et al., "Hidden Morphological Diversity Among Early Tetrapods". *Nature*, v. 546, pp. 642-5, 2017.

6. Os insetos que parecem ter um único par de asas têm um segundo par de forma disfarçada. Nos besouros, o par frontal se tornou uma cobertura de asa resistente. Nas moscas, o segundo par é reduzido a um par de órgãos minúsculos que giram rapidamente e servem como giroscópios, o que explica sua lendária capacidade de manobra e o motivo pelo qual são tão difíceis de acertar com um jornal enrolado.

7. Veja Andrew Ross, "Insect Evolution: the Origin of Wings". *Current Biology*, v. 27, pp. R103-22, 2016. Infelizmente, os paleodictiópteros não estão mais

entre nós — eles desapareceram no final do Permiano, junto com as florestas que os nutriam.

8. Sou grato a *Carboniferous Giants and Mass Extinction*, de George McGhee Jr. (Nova York: Columbia University Press, 2018) por suas descrições expressivas e detalhadas da vida nas grandes florestas de carvão.

9. Uma visão dramática da vida no início do Carbonífero, quando as grandes florestas de carvão haviam acabado de surgir, vem de uma pedreira de calcário em East Kirkton, perto de Edimburgo, na Escócia. Há cerca de 330 milhões de anos ela estava perto do equador e produziu vestígios notáveis de anfíbios primitivos, amniotas (e seus parentes próximos), bem como artrópodes como milípedes, escorpiões, a mais antiga aranha opilião conhecida e fragmentos de euripterídeos gigantes. O tesouro se formou em função de condições geológicas incomuns: a área era geologicamente ativa, com fontes termais — que deviam ser desfavoráveis à vida aquática — e próxima de vulcões ativos que, de tempos em tempos, revestiam tudo de cinzas quentes. Ao mesmo tempo, havia muita lama preta pegajosa e sem oxigênio, na qual as criaturas podiam ser preservadas quase intactas. Não havia peixes. Para a geologia e uma visão geral, veja Stanley P. Wood et al., "A Terrestrial Fauna from the Scottish Lower Carboniferous". *Nature*, v. 314, pp. 355-6, 1985; Andrew R. Milner, "Scottish Window on Terrestrial Life in the Early Carboniferous". *Nature*, v. 314, pp. 320-1, 1985. Além do quase amniota *Westlothiana* e de muitas outras formas, East Kirkton produziu um baphetídeo — um membro de um grupo de animais que não era nem amniota nem anfíbio, ilustrando o fato de que, naquela época, era difícil, apenas olhando para eles, descobrir qual criatura pertencia a qual grupo. E não sabemos qual deles pôs que tipo de ovo, ou se houve alguma forma de transição entre ovo de anfíbio e ovo de amniota. Essa criatura foi nomeada, em referência ao seu entorno, *Eucritta melanolimnetes* — a Criatura da Lagoa Negra (Jennifer A. Clack, "A New Early Carboniferous Tetrapod with a *mélange* of Crown-Group Characters", op. cit.).

10. Embora neste ponto eu tenha me desviado para a especulação, os anfíbios modernos adotaram todas essas estratégias e muitas outras, então é razoável especular que seus parentes extintos tenham feito o mesmo.

11. Nós, humanos, não pomos ovos, mas retivemos as várias membranas, incluindo o âmnio, que é o saco dentro do qual o feto se desenvolve. Quando a futura mãe anuncia que "a bolsa estourou", foi o saco amniótico que se rompeu, um evento logo seguido pela eclosão. Ou, no nosso caso, pelo nascimento.

12. Até a casca dos ovos de dinossauros era coriácea, assim como os maiores ovos fósseis conhecidos, possivelmente postos por um réptil marinho. Veja Mark Norell et al., "The First Dinosaur Egg Was Soft". *Nature*, jun. 2020. Disponível em: <www.doi.org/10.1038/s41586-020-2412-8>. Acesso em: 21 fev. 2024; Lucas J. Legendre et al., "A Giant Soft-Shelled Egg from the Late Cretaceous of Antarctica". *Nature*, v. 583, pp. 411-4, jun. 2020. Disponível em: <www.doi.org/10.1038/s41586-

020-2377-7>. Acesso em: 21 fev. 2024; Johan Lindgren e Benjamin P. Kear, "Hard Evidence from Soft Fossil Eggs". *Nature*, jun. 2020. Disponível em: <www.doi.org/10.1038/d41586-020-01732-8>. Acesso em: 21 fev. 2024.

13. Para muito mais detalhes sobre a formação da Pangeia e suas consequências, especialmente o colapso de quase toda a vida no final do Permiano, ver os livros *Supercontinent*, de Ted Nield (Londres: Granta, 2007), e *When Life Nearly Died*, de Michael J. Benton (Londres: Thames & Hudson, 2003).

14. Veja Sarda Sahney et al., "Rainforest Collapse Triggered Carboniferous Tetrapod Diversification in Euramerica". *Geology*, v. 38, pp. 1079-82, 2010.

15. Veja Michel Laurin e Robert R. Reisz, "*Tetraceratops* is the Earliest Known Therapsid". *Nature*, v. 345, pp. 249-50, 1990.

16. Totalmente distinto de "teropsídeos", que dirá de "terapeutas".

17. As plumas mantélicas são diferentes dos solavancos e da moagem regulares da deriva continental. Elas surgem das profundezas do planeta, onde o manto da Terra encontra o núcleo. Anomalias de temperatura locais fazem com que o magma suba até encontrar a crosta, que derrete. Várias características notáveis da Terra atual foram causadas por plumas mantélicas, como a ilha da Islândia (onde a pluma coincide com um centro de expansão no meio do oceano) e o Havaí (onde a pluma emergiu do centro de uma área tectônica). As plumas duram milhões de anos, mas nem sempre são ativas. Ou seja, uma pluma estática sob uma placa tectônica em movimento pode criar uma cadeia de ilhas sucessivamente mais antigas — como a agulha de uma máquina de costura que cria uma cadeia de pontos em um pedaço de tecido em movimento. Por exemplo, a placa do Pacífico está se movendo lentamente para noroeste através da pluma mantélica, criando uma cadeia de ilhas que são sucessivamente mais velhas quanto mais nos afastamos do ponto quente da pluma. Isso significa que a grande ilha do Havaí, no extremo sudeste da cadeia, é transversal à pluma e ainda é vulcanicamente ativa; os vulcões das ilhas a noroeste, como Maui e Oahu, estão adormecidos ou extintos, e as ilhas ficam progressivamente menores e mais erodidas conforme se avança ainda mais a noroeste, terminando como nada mais que pequenos atóis, como Laysan e Midway, nas extremidades. Essas últimas ilhas já foram tão grandes e espetaculares quanto o próprio Havaí, mas a placa em movimento, tendo encontrado a pluma, segue em frente, deixando que o tempo e as intempéries degradem as evidências de sua passagem. A grande ilha do Havaí irá decair lentamente, conforme a placa se desloca para noroeste, e a atividade vulcânica se concentrará no monte submarino Lo'ihi, cerca de 975 metros abaixo das ondas da costa sudeste da grande ilha.

18. Esse é o fenômeno conhecido como "branqueamento de corais", que acontece hoje como consequência do aumento de concentração de dióxido de carbono na atmosfera.

19. Todos os recifes de coral modernos são feitos de outro tipo de coral pedregoso, que surgiu no Triássico. Os corais rugosos e tabulados — sua

diversidade e a diversidade que eles sustentavam — são nada mais do que memórias fossilizadas.

20. Stephen E. Grasby et al., "Toxic Mercury Pulses Into Late Permian Terrestrial and Marine Environments". *Geology*, v. 48, 2020. Disponível em: <www.doi.org/10.1130/G47295.1>. Acesso em: 21 fev. 2024.

21. A história do *Miocidaris*, o último gênero de ouriço-do-mar, é contada por Douglas H. Erwin em "The Permo-Triassic Extinction". *Nature*, v. 367, pp. 231-6, 1994.

TRIASSIC PARK [PP. 82-94]

1. Os dinossauros, que surgiram no final do Triássico, sempre recebem destaque em qualquer discussão sobre a vida pré-histórica. Isso é uma pena, pois a variedade de formas reptilianas que viviam no Triássico era, sob todos os aspectos exceto tamanho bruto, igual à dos dinossauros em diversidade e, de nossa perspectiva, em estranheza. Isso deriva do fato de que os livros sobre dinossauros estão por toda parte, enquanto os trabalhos sobre o Triássico são muito mais escassos. Refiro-me em especial ao magistral tratado de Nicholas Fraser, ilustrado por Douglas Henderson, que hoje é muito difícil de encontrar, e cujo título, *Life In The Triassic* [Vida no Triássico], teve que ser relegado a subtítulo para que o livro pudesse ser divulgado, provocativamente, como *Dawn of the Dinosaurs* [Alvorecer dos dinossauros. Bloomington: Indiana University Press, 2006]. Adquiri uma cópia usada. Ela havia sido excluída da biblioteca pública em Pinellas Park, na Flórida. Aposto que lá ainda há prateleiras cheias de livros sobre dinossauros.

2. Veja Chun Li et al., "An Ancestral Turtle from the Late Triassic of Southwestern China". *Nature*, v. 456, pp. 497-501, 2008; Robert Reisz e Jason Head, "Turtle Origins Out to Sea". *Nature*, v. 456, pp. 450-1, 2008.

3. Veja Rainer Schoch e Hans-Dieter Sues, "A Middle Triassic Stem-Turtle and the Evolution of the Turtle Body Plan". *Nature*, v. 523, pp. 584-7, 2015. Uma reavaliação recente propõe que era mais provável que a *Pappochelys* fosse mais uma escavadora em terra do que uma nadadora no mar. (Veja Rainer Schoch et al., "Microanatomy of the Stem-Turtle *Pappochelys rosinae* Indicates a Predominantly Fossorial Mode of Life and Clarifies Early Steps in the Evolution of the Shell". *Scientific Reports*, v. 9, 10430, 2019.)

4. Veja Chun Li et al., "A Triassic Stem Turtle with an Edentulous Beak". *Nature*, v. 560, pp. 476-9, 2018.

5. Veja James Neenan et al., "European Origin of Placodont Marine Reptiles and the Evolution of Crushing Dentition in Placodontia". *Nature Communications*, v. 4, 1621, 2013.

6. Veja, por exemplo, Xiao-hong Chen et al., “A Small Short-Necked Hupehsuchian from the Lower Triassic of Hubei Province, China”. *PLoS ONE*, v. 9, e115244, dez. 2014.

7. Veja Elizabeth L. Nicholls e Makoto Manabe, “Giant Ichthyosaurs of the Triassic — A New Species of *Shonisaurus* from the Pardonet Formation (Norian: Late Triassic) of British Columbia”. *Journal of Vertebrate Paleontology*, v. 24, pp. 838-49, 2004.

8. Veja Tiago Simões et al., “The Origin of Squamates Revealed by a Middle Triassic Lizard from the Italian Alps”. *Nature*, v. 557, pp. 706-9, 2018.

9. Veja Michael Caldwell et al., “The Oldest Known Snakes from the Middle Jurassic-Lower Cretaceous Provide Insights on Snake Evolution”. *Nature Communications*, v. 6, 5996, 2015.

10. Veja Michael Caldwell e Michael S. Y. Lee, “A Snake with Legs from the Marine Cretaceous of the Middle East”. *Nature*, v. 386, pp. 705-9, 1997.

11. Veja Sebastián Apesteguía e Hussam Zaher, “A Cretaceous Terrestrial Snake with Robust Hindlimbs and a Sacrum”. *Nature*, v. 440, pp. 1037-40, 2006.

12. O ancestral comum dos dinossauros e dos pterossauros pode ter sido um animal bastante pequeno, o que poderia explicar a tendência ao sangue quente, bem como a penugem observada em ambos os grupos. Veja Christian Kammerer et al., “A Tiny Ornithodiran Archosaur from the Triassic of Madagascar and the Role of Miniaturization in Dinosaur and Pterosaur Ancestry”. *Proceedings of the National Academy of Sciences of the United States of America*, v. 117, jul. 2020. Disponível em: <www.doi.org/10.1073/pnas.1916631117>. Acesso em: 22 fev. 2024. Descobrir as raízes específicas da linhagem de pterossauros, no entanto, tem sido um desafio. Os primeiros pterossauros aparecem no registro fóssil totalmente formados. No entanto, uma pista de sua ancestralidade está na descoberta de pequenos arcossauros bípedes chamados lagerpetídeos. Estes claramente não eram capazes de voar, mas compartilham detalhes da anatomia do cérebro e do pulso exclusivamente com pterossauros, sugerindo que estavam mais intimamente relacionados a eles do que a outros animais. Veja Martín Ezcurra et al., “Enigmatic Dinosaur Precursors Bridge the Gap to the Origin of Pterosauria”. *Nature*, v. 588, pp. 445-9, 2020; Kevin Padian, “Closest Relatives Found for Pterosaurs, the First Flying Vertebrates”. *Nature*, v. 588, pp. 400-1, 2020.

13. Está tudo em um maravilhoso artigo de Cherrie D. Bramwell e G. R. Whitfield intitulado “Biomechanics of *Pteranodon*”, originalmente publicado em 1984 em *Philosophical Transactions of the Royal Society of London Series B*, v. 267, 890, jul. 1974. Disponível em: <www.doi.org/10.1098/rstb.1974.0007>. Acesso em: 22 fev. 2024. Quando eu estudava na Universidade de Leeds no início dos anos 1980, meu professor, Robert McNeill Alexander, me passou um projeto de pesquisa sobre répteis voadores. Alexander era o principal especialista em

biomecânica — a ciência do movimento animal —, então minha dissertação ficou cheia de aerodinâmica: sustentação, arrasto, curva polar, planagem e efeito solo. Foi Alexander quem me indicou o artigo clássico de Bramwell e Whitfield.

14. Veja Sterling J. Nesbitt et al., "The Earliest Bird-Line Archosaurs and the Assembly of the Dinosaur Body Plan". *Nature*, v. 544, pp. 484-7, 2017.

15. O mais antigo silessauro foi o *Asilisaurus*, do Triássico médio na Tanzânia. Veja Sterling J. Nesbitt et al., "Ecologically Distinct Dinosaurian Sister Group Shows Early Diversification of Ornithodira". *Nature*, v. 464, pp. 95-8, 2010.

16. Veja Paul C. Sereno et al., "Primitive Dinosaur Skeleton from Argentina and the Early Evolution of Dinosauria". *Nature*, v. 361, pp. 64-6, 1993.

DINOSSAUROS EM PLENO VOO [PP. 95-114]

1. Para um exame detalhado da biomecânica envolvida na transição da caminhada bípede para o voo, consulte Vivian Allen et al., "Linking the Evolution of Body Shape and Locomotor Biomechanics in Bird-Line Archosaurs". *Nature*, v. 497, pp. 104-7, 2013.

2. Veja Jose F. Bonaparte e Rodolfo A. Coria, "Un nuevo y gigantesco sauropodo titanosaurio de la Formación Río Limay (Albiano-Cenomaniano) de la Provincia del Neuquén, Argentina". *Ameghiniana*, v. 30, pp. 271-82, 1993.

3. Veja Rodolfo A. Coria e Leonardo Salgado, "A New Giant Carnivorous Dinosaur from the Cretaceous of Patagonia". *Nature*, v. 377, pp. 224-6, 1995.

4. Para se mover em velocidade um pouco maior que a de um passo lento, o *T. rex* precisaria de membros posteriores de tamanho inviável — seus músculos extensores da perna teriam que ter 99% da massa de todo o animal — e esse número vale para *cada* perna, não ambas. (Veja John R. Hutchinson e Mariano Garcia, "*Tyrannosaurus* Was Not a Fast Runner". *Nature*, v. 415, pp. 1018-21, 2002.)

5. Veja Gregory M. Erickson et al., "Bite-Force Estimation for *Tyrannosaurus rex* from Tooth-Marked Bones". *Nature*, v. 382, pp. 706-8, 1996; Paul M. Gignac e Gregory M. Erickson, "The Biomechanics Behind Extreme Osteophagy in *Tyrannosaurus rex*". *Scientific Reports*, v. 7, 2012, 2017.

6. Foram encontradas fezes fossilizadas, ou coprólitos, de dinossauros carnívoros gigantes, provavelmente *Tyrannosaurus rex*. Uma delas mede 44 centímetros de comprimento por treze centímetros de largura e dezesseis centímetros de altura, e tem uma massa de mais de sete quilos, sendo que até metade consiste em fragmentos ósseos. (Veja Karen Chin et al., "A King-Sized Theropod Coprolite". *Nature*, v. 393, pp. 680-2, 1998.)

7. Veja Emma Schachner et al., "Unidirectional Pulmonary Airflow Patterns in the Savannah Monitor Lizard". *Nature*, v. 506, pp. 367-70, 2014.

8. Veja, por exemplo, Patrick O'Connor e Leon Claessens, "Basic Avian Pulmonar Design and Flow-Through Ventilation in Non-Avian Theropod Dinosaurs". *Nature*, v. 436, pp. 253-6, 2005, que relata como os sacos de ar penetravam nos longos ossos do *Majungatholus atopus*, um dinossauro carnívoro que viveu onde hoje fica Madagascar.

9. Imagine um cubo de açúcar que mede um centímetro de cada lado. Seu volume será 1 × 1 × 1 = 1 centímetro cúbico. Um cubo tem seis lados com a mesma área, então a área da superfície do nosso cubo de açúcar será 6 × 1 × 1 = 6 centímetros quadrados, uma proporção de 6:1. Agora, imagine um cubo de açúcar que mede dois centímetros de cada lado. O volume cresceu para 2 × 2 × 2 = 8 centímetros cúbicos, mas a área da superfície será de 6 × 2 × 2 = 24 centímetros quadrados, uma proporção de 24:8 ou 3:1. Em resumo, dobrando o tamanho da unidade do cubo, a área da superfície foi reduzida pela metade em relação ao volume.

10. Considere que a área de superfície total de um ser humano do lado de fora está entre 1,5 e 2 metros quadrados, mas a área de superfície de um par de pulmões humanos está entre 50 e 75 metros quadrados.

11. Esse fenômeno, conhecido como gigantotermia, tem sido usado para explicar como animais grandes e aparentemente de sangue frio, como as tartarugas-gigantes — que podem ter uma massa de mais de novecentos quilos — conseguem se manter aquecidas mesmo nadando em mares frios. (Veja Frank Paladino et al., "Metabolism of Leatherback Turtles, Gigantothermy, and Thermoregulation of Dinosaurs". *Nature*, v. 344, pp. 858-60, 1990.)

12. Para uma discussão muito perspicaz sobre esse assunto, veja P. Martin Sander et al., "Biology of the Sauropod Dinosaurs: The Evolution of Gigantism". *Biological Reviews of the Cambridge Philosophical Society*, v. 86, pp. 117-55, 2011.

13. A cobertura de pelos dos pterossauros também pode ser uma variedade de plumagem de penas: veja Zixiao Yang et al., "Pterosaur Integumentary Structures with Complex Feather-Like Branching". *Nature Ecology & Evolution*, v. 3, pp. 24-30, 2019.

14. Se não penas, então cabelo, ou, se vivendo uma vida simplificada no mar, gordura. Mamíferos marinhos, como baleias e focas, têm uma espessa camada de gordura que isola a região central do corpo e apresenta forma aerodinâmica, suavizando quaisquer protuberâncias e saliências. Sabe-se agora que os extintos répteis marinhos conhecidos como ictiossauros, que se pareciam muito com os golfinhos modernos, tinham capas de gordura, presumivelmente pelas mesmas razões. (Veja Johan Lindgren et al., "Soft-Tissue Evidence for Homeothermy and Crypsis in a Jurassic Ichthyosaur". *Nature*, v. 564, pp. 359-65, 2018.)

15. Veja Fucheng Zhang et al., "Fossilized Melanosomes and the Colour of Cretaceous Dinosaurs and Birds". *Nature*, v. 463, pp. 1075-8, 2010; Xing Xu

et al., "Exceptional Dinosaur Fossils Show Ontogenetic Development of Early Feathers". *Nature*, v. 464, pp. 1338-41, 2010; Quanguo Li et al., "Melanosome Evolution Indicates a Key Physiological Shift Within Feathered Dinosaurs". *Nature*, v. 507, pp. 350-3, 2014; Dongyu Hu et al., "A Bony-Crested Jurassic Dinosaur with Evidence of Iridescent Plumage Highlights Complexity in Early Paravian Evolution". *Nature Communications*, v. 9, 217, 2018.

16. As coisas são diferentes no mar, onde a água permite o suporte de corpos muito maiores do que é possível em terra e favorece a viviparidade, porque retornar à terra para desovar, como fazem as tartarugas, é extremamente arriscado. Isso pode explicar por que os primeiros vertebrados com mandíbula — os placodermes — eram vivíparos e por que o hábito é visto em muitos peixes, como os tubarões. Os ictiossauros, os amniotas que retornaram ao mar no Triássico e se tornaram muito parecidos com as baleias, eram vivíparos. As próprias baleias são, é claro, vivíparas, como quase todos os mamíferos, e se tornaram os maiores animais conhecidos, eclipsando até os maiores dinossauros.

17. O *Kayentatherium*, do início do Jurássico, no Arizona, era um tritilodonte — um membro de um grupo tardio de terapsidas que chegou muito perto de ser um mamífero, mas não cumpriu os requisitos necessários. Embora muito provavelmente tenha sido peludo, quase certamente punha ovos. Uma única ninhada de *Kayentatherium* podia conter pelo menos 38 indivíduos — muito mais do que qualquer ninhada de mamífero. (Veja Eva A. Hoffman e Timothy B. Rowe, "Jurassic Stem-Mammal Perinates and the Origin of Mammalian Reproduction and Growth". *Nature*, v. 561, pp. 104-8, 2018.)

18. Veja Mary Higby Schweitzer et al., "Gender-Specific Reproductive Tissue in Ratites and *Tyrannosaurus rex*". *Science*, v. 308, pp. 1456-60, 2005; Mary Higby Schweitzer et al., "Chemistry Supports the Identification of Gender-Specific Reproductive Tissue in *Tyrannosaurus rex*". *Scientific Reports*, v. 6, 23099, 2016.

19. Veja Gregory M. Erickson et al., "Gigantism and Comparative Life History Parameters of Tyrannosaurid Dinosaurs". *Nature*, v. 430, pp. 772-5, 2004.

20. A viviparidade seria um sério obstáculo ao voo das aves. Talvez não seja coincidência que os pterossauros — os primos voadores dos dinossauros — também pusessem ovos (veja Qiang Ji et al., "Pterosaur Egg with a Leathery Shell". *Nature*, v. 432, 572, 2004), além de terem desenvolvido uma camada de estruturas parecidas com penas e uma estrutura de voo muito leve.

21. Aves aquáticas, como cisnes e gansos, decolam assim, e pelo esforço que fazem pode-se ver por que aves um pouco maiores não seriam capazes de voar dessa maneira. Os aviões também fazem isso, mesmo sem bater as asas, e é por isso que os grandes aviões têm motores enormes com impulso incrível. É preciso muita energia para colocar um avião Jumbo no ar. Como todo mundo que já viu um avião voando sabe, é claro que a física não basta para fazer uma estrutura tão maciça voar. Os aviões voam apenas porque acreditamos que eles podem fazer isso. Se

parássemos de acreditar, eles cairiam do céu. Isso é o que eu realmente acho. Mas não conte a ninguém. Fica entre nós, está bem?

22. Tim White me lembrou que algumas formigas sem asas, embora muito pequenas e que poderiam ser consideradas aeroplâncton sem rumo, podem planar, de certa forma. Veja Stephen Yanoviak et al., "Aerial Manoeuvrability in Wingless Gliding Ants (*Cephalotes atratus*)". *Proceedings of the Royal Society of London Series B*, v. 277, 2010. Disponível em: <www.doi.org/10.1098/rspb.2010.0170>. Acesso: 26 fev. 2024.

23. Veja, por exemplo, Jin Meng et al., "A Mesozoic Gliding Mammal from Northeastern China". *Nature*, v. 444, pp. 889-93, 2006.

24. Os menores paraquedistas, porém, usam fios e cerdas em vez de membranas contínuas semelhantes a asas. Costuma-se pensar em aranhas, usando longos fios para carregá-las no ar, ou nas sementes eriçadas que os jovens apaixonados desde tempos imemoriais sopram das flores de dente-de--leão. Cada semente de dente-de-leão pode ser transportada por quilômetros com um caule terminando em um tufo semelhante a uma escova para limpar chaminés. Em vez de tentar prender todo o ar abaixo dele, o tufo permite que a maior parte dele passe, e é aqui que a mágica acontece. O fluxo de ar que passa pelo tufo torna-se turbulento, formando uma espécie de anel de fumaça acima do tufo. Esse anel, com a forma de uma rosquinha espremida nas laterais, é uma área de baixa pressão, um ciclone em miniatura, um centro de tempestade bem pequeno. Ele literalmente suga o tufo para cima, diminuindo sua taxa de descida. (Veja Cathal Cummins et al., "A Separated Vortex Ring Underlies the Flight of the Dandelion". *Nature*, v. 562, pp. 414-8, 2018.)

25. Os primeiros estágios do paraquedismo antigo foram estudados em gatos modernos no mais contemporâneo dos habitats da vida selvagem: Manhattan. Veterinários em Nova York estão familiarizados com um padrão de lesões felinas conhecido como "síndrome de arranha-céu", sofrido por gatos aventureiros que caem de janelas altas. Os veterinários de Nova York traçaram a gravidade dos ferimentos dos felinos em relação à altura de que haviam caído em cada caso. As lesões tendem a ficar mais graves à medida que a altura aumenta, mas chega um ponto acima do qual as lesões dos gatos ficam menos graves, não mais. Os veterinários citam o caso de um gato que caiu de uma altura de 32 andares e saiu apenas com ferimentos leves no peito, em um dente e em sua dignidade. Não é à toa que o provérbio diz que os gatos têm sete vidas. O que parece acontecer é que, quando um gato cai, seus músculos relaxam e suas patas se abrem para os lados, formando uma espécie de paraquedas. O gato pode sofrer lesões na mandíbula e no tórax, mas sobreviver. (Veja W. O. Whitney e C. J. Mehlhaff, "High-Rise Syndrome in Cats". *Journal of the American Veterinary Medical Association*, v. 192, p. 542, 1988.)

26. Veja Fernando E. Novas e Pablo F. Puertat, "New Evidence Concerning Avian Origins from the Late Cretaceous of Patagonia". *Nature*, v. 387, pp. 390-2, 1997.

27. Veja Mark Norell et al., "A Nesting Dinosaur". *Nature*, v. 378, pp. 774-6, 1995.

28. Veja, por exemplo, Xing Xu et al., "A Therizinosauroid Dinosaur with Integumentary Structures from China". *Nature*, v. 399, pp. 350-4, 1999, que descreve estruturas semelhantes a penas no *Beipaiosaurus*, um dos muito estranhos terizinossauros. Eram terópodes esquisitos e desajeitados que se tornaram herbívoros e teriam sido tão aerodinâmicos quanto um cobogó [elemento vazado de concreto ou porcelana]. Veja também Xing Xu et al., "A Gigantic Bird-Like Dinosaur from the Late Cretaceous of China". *Nature*, v. 447, pp. 844-7, 2007, sobre o *Gigantoraptor*, um monstro de oito metros e 1400 quilos que era uma exceção entre os oviraptorossaurídeos, em geral ágeis e semelhantes a aves. Essa criatura certamente não voava — mas não se sabe se tinha penas.

29. Ken Dial, da Universidade de Montana, pesquisou a forma como os filhotes de uma espécie de perdiz chamada chukar usam suas asas para ajudá-los a subir encostas muito íngremes, um tipo de locomoção chamada "corrida inclinada assistida por asas" — o que teria sido útil para um animal pequeno e indefeso escapar de predadores. (Veja Kenneth Dial et al., "A Fundamental Avian Wing-Stroke Provides a New Perspective on the Evolution of Flight". *Nature*, v. 451, pp. 985-9, 2008.)

30. Xing Xu et al., "The Smallest Known Non-Avian Theropod Dinosaur". *Nature*, v. 408, pp. 705-8, 2000; Gareth Dyke et al., "Aerodynamic Performance of the Feathered Dinosaur *Microraptor* and the Evolution of Feathered Flight". *Nature Communications*, v. 4, 2489, 2013.

31. Dongyu Hu et al., "A Pre-*Archaeopteryx* Troödontid Theropod from China with Long Feathers on the Metatarsus". *Nature*, v. 461, pp. 640-3, 2009.

32. Veja Fucheng Zhang et al., "A Bizarre Jurassic Maniraptoran from China with Elongate, Ribbon-Like Feathers". *Nature*, v. 455, pp. 1105-8, 2008.

33. Veja Xing Xu et al., "A Bizarre Jurassic Maniraptoran Theropod with Preserved Evidence of Membranous Wings". *Nature*, v. 521, pp. 70-3, 2015; Min Wang et al., "A New Jurassic Scansoriopterygid and the Loss of Membranous Wings in Theropod Dinosaurs". *Nature*, v. 569, pp. 256-9, 2019.

34. Com certeza, não há morcegos conhecidos que tenham perdido a capacidade de voar, embora os morcegos mistacinídeos da Nova Zelândia vivam a maior parte do tempo no solo. A menos que se considerem as possíveis reconstruções de alguns pterossauros gigantes como não voadores, também não havia pterossauros que perderam a capacidade de voar.

35. Ver Daniel Field et al., "Complete *Ichthyornis* Skull Illuminates Mosaic Assembly of the Avian Head". *Nature*, v. 557, pp. 96-100, 2018.

36. Veja Perle Altangerel et al., "Flightless Bird from the Cretaceous of Mongolia". *Nature*, v. 362, pp. 623-6, 1993, para a descoberta da primeira dessas esquisitices,

o *Mononykus*; e Luis Chiappe et al., "The Skull of a Relative of the Stem-Group Bird *Mononykus*". *Nature*, v. 392, pp. 275-8, 1998, para a descoberta de outra, o *Shuvuuia*, que mostra que aquela primeira não foi um acaso.

37. Veja Daniel Field et al., "Late Cretaceous Neornithine from Europe Illuminates the Origins of Crown Birds". *Nature*, v. 579, pp. 397-401, 2020, e o comentário que o acompanha: Kevin Padian, "Poultry Through Time". *Nature*, v. 579, pp. 351-2, 2020. Outra ave do Cretáceo que pode ser uma representante precoce das aves aquáticas é o *Vegavis*, da Antártida: veja Julia Clarke et al., "Definitive Fossil Evidence for the Extant Avian Radiation in the Cretaceous". *Nature*, v. 433, pp. 305-8, 2005. O *Vegavis* tinha uma siringe bem desenvolvida (Julia Clarke et al., "Fossil Evidence of the Avian Vocal Organ from the Mesozoic". *Nature*, v. 538, pp. 502-5, 2016; Patrick M. O'Connor, "Ancient Avian Aria from Antarctica". *Nature*, v. 538, pp. 468-9, 2016), o órgão vocal exclusivo das aves que produz desde o grasnar de um ganso até o trinado de rouxinóis, que, segundo a lenda, pode ser ouvido em Berkeley Square, mas só quando os anjos jantam no Ritz.

38. Note o "quase sempre", pois a biologia valoriza suas exceções. Há pelo menos um registro de um dinossauro ceratopsiano na Europa. Veja, por exemplo, Attila Ösi et al., "A Late Cretaceous Ceratopsian Dinosaur from Europe with Asian Affinities". *Nature*, v. 465, pp. 466-8, 2010; Xing Xu, "Horned Dinosaurs Venture Abroad". *Nature*, v. 465, pp. 431-2, 2010.

39. Veja P. Martin Sander et al., "Bone Histology Indicates Insular Dwarfism in a New Late Jurassic Sauropod Dinosaur". *Nature*, v. 441, pp. 739-41, 2006.

40. Veja Gregory Buckley et al., "A Pug-Nosed Crocodyliform from the Late Cretaceous of Madagascar". *Nature*, v. 405, pp. 941-4, 2000.

41. Veja Michael W. Frohlich e Mark W. Chase, "After a Dozen Years of Progress the Origin of Angiosperms Is Still a Great Mystery". *Nature*, v. 450, pp. 1184-9, 2007.

42. Veja, por exemplo, Todd Rosenstiel et al., "Sex-Specific Volatile Compounds Influence Microarthropod-Mediated Fertilization of Moss". *Nature*, v. 489, pp. 431-3, 2012.

43. Costuma-se pensar em Io e Europa, ambas luas de Júpiter, mas bem diferentes entre si. A superfície de Io é constantemente modificada pela atividade vulcânica; a de Europa, pelo gelo que escoa de um oceano subterrâneo.

44. Veja William Bottke et al., "An Asteroid Breakup 160 Myr Ago as the Probable Source of the K/T Impactor". *Nature*, v. 449, pp. 48-53, 2007; Philippe Claeys e Steven Goderis, "Lethal Billiards". *Nature*, v. 449, pp. 30-1, 2007.

45. Veja Gareth S. Collins et al., "A Steeply Inclined Trajectory for the Chicxulub Impact". *Nature Communications*, v. 11, 1480, 2020.

46. Veja Christopher Lowery et al., "Rapid Recovery of Life at Ground Zero of the End-Cretaceous Mass Extinction". *Nature*, v. 558, pp. 288-91, 2018.

ESSES MAMÍFEROS MAGNÍFICOS [PP. 115-31]

1. Veja Jennifer A. Clack, "Discovery of the Earliest-Known Tetrapod Stapes". *Nature*, v. 342, pp. 425-7, 1989; Alec L. Panchen, "Ears and Vertebrate Evolution". *Nature*, v. 342, pp. 342-3, 1989; Jennifer A. Clack, "Earliest Known Tetrapod Braincase and the Evolution of the Stapes and Fenestra Ovalis". *Nature*, v. 369, pp. 392-4, 1994. O ouvido médio do *Ichthyostega*, parente do *Acanthostega*, parece ter sido modificado, formando um tipo de órgão auditivo aquático diferente de qualquer outra coisa vista na evolução. (Jennifer A. Clack et al., "A Uniquely Speciallzed Ear in a Very Early Tetrapod". *Nature*, v. 425, pp. 65-9, 2003.)

2. Enquanto o espiráculo conduzia a água para dentro e para fora, fazendo a ligação entre o mundo exterior e a cavidade bucal, o tímpano formava uma barreira, definindo os limites externos do ouvido médio. O ouvido médio, no entanto, manteve uma conexão com a cavidade bucal. Você pode perceber isso quando engole: a ação equaliza a pressão entre o ouvido médio e o mundo exterior, por meio de uma conexão chamada trompa de Eustáquio. É por isso que o som fica distorcido quando você está resfriado. A trompa de Eustáquio se enche de muco, dificultando a equalização da pressão, de modo que o tímpano funciona com menos eficiência. Isso também explica por que ascender e descender em uma aeronave pode ser tão doloroso. Mesmo em uma cabine pressurizada, mudanças repentinas na pressão atmosférica são suficientes para colocar o tímpano sob tensão, e é por isso que é uma boa ideia engolir, empurrando o ar pela trompa de Eustáquio e limpando quaisquer bloqueios. Assoar o nariz tem o mesmo efeito. Em humanos adultos, a trompa de Eustáquio fica inclinada para baixo entre o ouvido médio e a parte de trás da garganta, de modo que o muco é drenado naturalmente. Em crianças pequenas, no entanto, a trompa de Eustáquio é mais ou menos horizontal. Nas crianças pequenas, por serem como são — adoráveis vetores de contágio de nariz ranhoso —, o muco fica preso na trompa de Eustáquio, levando a um fenômeno conhecido como *glue ear*, que pode ser tratado fazendo pequenos orifícios no tímpano, que cicatrizam depois, quando a criança já superou o problema.

3. O araponga-da-amazônia (*Procnias albus*) macho, ave branca da Amazônia, faz os ruídos mais altos de qualquer ave empoleirada, e faz isso quando está bem perto da fêmea que pretende cortejar. A infeliz namorada experimenta uma pressão sonora de 125 decibéis (Jeffrey Podos e Mario Cohn-Haft, "Extremely Loud Mating Songs at Close Range in White Bellbirds". *Current Biology*, v. 29, 2019. Disponível em: <www.doi.org/10.1016/j.cub.2019.09.028>. Acesso em: 26 fev. 2024). Em humanos, isso é alto o suficiente para ser doloroso. O *Guinness Book of Records* relatou níveis de pressão sonora de 117 dB durante um show da minha banda favorita, Deep Purple, no Rainbow Theatre, em Londres, em 1972, no qual

três membros da plateia desmaiaram. O recorde já foi quebrado, mas como o *Guinness* não registra mais tais feitos, a maioria dos relatos subsequentes (como os 136 dB em um Kiss Koncert em Ottawa, em 2009) não é oficial. No entanto, dado que os decibéis aumentam de forma logarítmica, o chamado do araponga-da-amazônia é quase três vezes mais alto que o desempenho ensurdecedor do Deep Purple. É um mistério por que a fêmea aguenta tanto barulho.

4. Para referência, o "lá" acima do dó central no piano é afinado convencionalmente em uma frequência de 440 Hz. A frequência dobra a cada oitava, então o lá uma oitava acima tem 880 Hz; duas oitavas acima, 1 760 Hz (ou 1,76 kHz); e três oitavas acima, 3 520 Hz (3,52 kHz). Depois disso, um teclado de piano comum não tem mais notas. Se houvesse outro lá, seria de 7 040 Hz (7,04 kHz), o que está acima das notas mais altas que a maioria das aves costuma ouvir.

5. Vale a pena comentar os nomes rústicos desses ossos, que lembram algum ferreiro de mãos calosas de um romance de Thomas Hardy. Nos humanos, o estribo [do ouvido] se parece muito com um estribo [peça da sela de montaria]. A base plana fica na "janela oval" que é o portal para o ouvido interno. A base fica suspensa por dois pinos separados que se unem mais acima, como um osso da sorte ou, na verdade, um estribo. O orifício entre as duas pontas é penetrado por um vaso sanguíneo, a artéria estapediana. Uma vez que temos um estribo, é natural chamar os outros ossos de martelo e bigorna, mesmo que eles não se pareçam particularmente com seus homônimos ferrosos. O estribo é o menor osso do corpo humano; o martelo e a bigorna são pouco maiores. Juntos, esses ossos são os "ossículos" ou "pequenos ossos" do ouvido médio.

6. Veja Henry Heffner, "Hearing in Large and Small Dogs (*Canis familiaris*)". *Journal of the Acoustical Society of America*, v. 60, S88, 1976.

7. Veja Rickye S. Heffner, "Primate Hearing from a Mammalian Perspective". *The Anatomical Record*, v. 281A, pp. 1111-22, 2004.

8. Veja Katherine Ralls, "Auditory Sensitivity in Mice: *Peromyscus* and *Mus musculus*". *Animal Behaviour*, v. 15, pp. 123-8, 1967.

9. Veja Rickye S. Heffner e Henry Heffner, "Hearing Range of the Domestic Cat". *Hearing Research*, v. 19, pp. 85-8, 1985.

10. Veja Ronald Kastelein et al., "Audiogram of a Striped Dolphin (*Stenella coeruleoalba*)". *Journal of the Acoustical Society of America*, v. 113, pp. 1130-7, 2003.

11. Para uma ampla pesquisa recente sobre essa notável transformação e muito mais sobre o início da história dos mamíferos, veja Zhe-Xi Luo, "Transformation and Diversification in Early Mammal Evolution". *Nature*, v. 450, pp. 1011-9, 2007.

12. Veja Stephan Lautenschlager et al., "The Role of Miniaturization in the Evolution of the Mammalian Jaw and Middle Ear". *Nature*, v. 561, pp. 533-7, 2018.

13. Veja Katrina Jones et al., "Regionalization of the Axial Skeleton Predates Functional Adaptation in the Forerunners of Mammals". *Nature Ecology & Evolution*, v. 4, pp. 470-8, 2020.

14. Uma reconstrução da orelha do *Morganucodon* sugere que ele pode ter sido sensível a sons de até 10 kHz. (Veja John J. Rosowski e A. Graybeal, "What Did *Morganucodon* Hear?". *Zoological Journal of the Linnean Society*, v. 101, pp. 131-68, 2008.)

15. Veja Pamela Gill et al., "Dietary Specializations and Diversity in Feeding Ecology of the Earliest Stem Mammals". *Nature*, v. 512, pp. 303-5, 2014.

16. Veja Eva A. Hoffman e Timothy B. Rowe, "Jurassic Stem-Mammal Perinates and the Origin of Mammalian Reproduction". *Nature*, v. 561, pp. 104-8, 2018.

17. Veja Yaoming Hu et al., "Large Mesozoic Mammals Fed on Young Dinosaurs". *Nature*, v. 433, pp. 149-52, 2005; Anne Weil, "Living Large in the Cretaceous". *Nature*, v. 433, pp. 116-7, 2005.

18. Veja Jin Meng et al., "A Mesozoic Gliding Mammal from Northeastern China". *Nature*, v. 444, pp. 889-93, 2006. Mais tarde descobriu-se que essa criatura, o *Volaticotherium*, do final do Jurássico na Mongólia Interior, era membro de um grupo chamado triconodontes. Estes eram distintos dos haramiyidas, um grupo de mamíferos muito antigo que também alçava voo; veja, por exemplo, Jin Meng et al., "New Gliding Mamiferaforms from the Jurassic". *Nature*, v. 548, pp. 291-6, 2017; Gang Han et al., "A Jurassic Gliding Euharamiyidan Mammal with an Ear of Five Auditory Bones". *Nature*, v. 551, pp. 451-6, 2017.

19. Veja Qiang Ji et al., "A Swimming Mammaliaform from the Middle Jurassic and Ecomorphological Diversification of Early Mammals". *Science*, v. 311, pp. 1123-7, 2006.

20. Veja David W. Krause et al., "First Cranial Remains of a Gondwanatherian Mammal Reveal Remarkable Mosaicism". *Nature*, v. 515, pp. 512-7, 2014; Anne Weil, "A Beast of the Southern Wild". *Nature*, v. 515, pp. 495-6, 2014; David W. Krause et al., "Skeleton of a Cretaceous Mammal from Madagascar Reflects Long-Term Insularity". *Nature*, v. 581, pp. 421-7, 2020.

21. Veja, por exemplo, Zhe-Xi Luo et al., "Dual Origin of Tribosphenic Mammals". *Nature*, v. 409, pp. 53-7, 2001; Anne Weil, "Relationships to Chew Over". *Nature*, v. 409, pp. 28-31, 2001; Oliver Rauhut et al., "A Jurassic Mammal from South America". *Nature*, v. 416, pp. 165-8, 2002.

22. Veja Shundong Bi et al., "An Early Cretaceous Eutherian and the Placental--Marsupial Dichotomy". *Nature*, v. 558, pp. 390-5, 2018; Zhe-Xi Luo et al., "A Jurassic Eutherian Mammal and Divergence of Marsupials and Placentals". *Nature*, v. 476, pp. 442-5, 2011; Qiang Ji et al., "The Earliest Known Eutherian Mammal". *Nature*, v. 416, pp. 816-22, 2002.

23. Veja Zhe-Xi Luo et al., "An Early Cretaceous Tribosphenic Mammal and Metatherian Evolution". *Science*, v. 302, pp. 1934-40, 2003.

24. Pantodontes e dinocerados já foram agrupados em um único grupo, os amblípodes. Quando descobri isso, ainda na graduação, fiquei tão encantado com o nome que telefonei para minha mãe naquele mesmo dia para informá-la desse fato (foi de uma cabine telefônica — telefones celulares não eram comuns na época). Eu disse a ela que existira um grupo de herbívoros grandes e lentos, parecidos com rinocerontes ou hipopótamos, e eles eram chamados de amblípodes [em inglês, *amble* significa vagar e *pod* (do grego) significa pés ou patas]. "Que bacana, querido", disse minha mãe, "dá até pra imaginá-los, vagando com suas patas."

25. Para um excelente guia sobre a evolução dos mamíferos, veja Donald R. Prothero, *The Princeton Field Guide to Prehistoric Mammals* (Princeton: Princeton University Press, 2017).

26. Veja Jason J. Head et al., "Giant Boid Snake from the Palaeocene Neotropics Reveals Hotter Past Equatorial Temperatures". *Nature*, v. 457, pp. 715-7, 2009; Matthew Huber, "Snakes Tell a Torrid Tale". *Nature*, v. 457, pp. 669-71, 2009.

27. Veja J. G. M. Thewissen et al., "Skeletons of Terrestrial Cetaceans and the Relationship of Whales to Artiodactyls". *Nature*, v. 413, pp. 277-81, 2001; Christian de Muizon, "Walking with Whales". *Nature*, v. 413, pp. 259-60, 2001.

28. Veja J. G. M. Thewissen et al., "Fossil Evidence for the Origin of Aquatic Locomotion in Archaeocete Whales". *Science*, v. 263, pp. 210-2, 1994.

29. Veja Philip D. Gingerich et al., "Hind Limbs of Eocene Basilosaurus: Evidence of Feet in Whales". *Science*, v. 249, pp. 154-7, 1990.

30. Para mais informações sobre a evolução das baleias, veja J. G. M. "Hans" Thewissen, *The Walking Whales: From Land to Water in Eight Million Years* (Oakland: University of California Press, 2014).

31. Veja Ole Madsen et al., "Parallel Adaptive Radiations in Two Major Clades of Placental Mammals". *Nature*, v. 409, pp. 610-4, 2001.

PLANETA DOS MACACOS [PP. 133-43]

1. Entre os primatas mais primitivos — os prossímios — incluem-se os lêmures atuais (confinados a Madagascar) e alguns outros, como os galagos e os társios. Os primeiros társios conhecidos se estabeleceram há 55 milhões de anos, sugerindo que os antropoides — o grupo que inclui macacos, símios e humanos — também já existiam (veja Xijun Ni et al., "The Oldest Known Primate Skeleton and Early Haplorhine Evolution". *Nature*, v. 498, pp. 60-3, 2013). Os primeiros representantes conhecidos dos antropoides, também do Eoceno, já eram muito

diversificados, sugerindo uma história evolutiva longa (veja Daniel L. Gebo et al., "The Oldest Known Anthropoid Postcranial Fossils and the Early Evolution of Higher Primates". *Nature*, v. 404, pp. 276-8, 2000; Jean-Jacques Jaeger et al., "Late Middle Eocene Epoch of Libya Yields Earliest Known Radiation of African Anthropoids". *Nature*, v. 467, pp. 1095-8, 2010). No Oligoceno, há pelo menos 25 milhões de anos, os antropoides se dividiram em macacos e símios. (Veja Nancy J. Stevens et al., "Oligocene Divergence Between Old World Monkeys and Apes". *Nature*, v. 497, pp. 611-4, 2013.)

2. Algumas gramíneas tropicais exploraram um tipo de fotossíntese pouco utilizado até então, conhecido pelos bioquímicos como "via C4", pouco utilizado por ser mais elaborado que a "via C3" usada pela maioria das plantas. A via C4, no entanto, faz uso mais eficiente do dióxido de carbono. Quando o dióxido de carbono é abundante na atmosfera, há pouco valor em usar a via C4. Mas as plantas tinham, talvez, sentido uma mudança de longo prazo na atmosfera da Terra; isto é, uma diminuição lenta e progressiva na quantidade de dióxido de carbono. Veja, por exemplo, Colin P. Osborne e Lawren Sack, "Evolution of C4 Plants: A New Hypothesis for an Interaction of CO_2 and Water Relations Mediated by Plant Hydraulics". *Philosophical Transactions of the Royal Society of London Series B*, v. 367, pp. 583-600, 2012.

3. Louis de Bonis et al., "New Hominid Skull Material from the Late Miocene of Macedonia in Northern Greece". *Nature*, v. 345, pp. 712-4, 1990.

4. Veja Berna Alpagut et al., "A New Specimen of *Ankarapithecus meteai* from the Sinap Formation of Central Anatolia". *Nature*, v. 382, pp. 349-51, 1996.

5. Veja Gen Suwa et al., "A New Species of Great Ape from the Late Miocene Epoch in Ethiopia". *Nature*, v. 448, pp. 921-4, 2007.

6. Veja Yaowalak Chaimanee et al., "A New Orangutan Relative from the Late Miocene of Thailand". *Nature*, v. 427, pp. 439-41, 2004.

7. Talvez o maior macaco que já existiu tenha sido o *Gigantopithecus*, que viveu no Sudeste Asiático no Pleistoceno. Pode ter tido o dobro do tamanho de um gorila — embora isso seja difícil de estimar, pois é conhecido apenas a partir de fragmentos de dentes e mandíbula. Um estudo de proteínas do esmalte dos dentes mostra que era um parente dos orangotangos. (Veja Frido Welker et al., "Enamel Proteome Shows that *Gigantopithecus* was an Early Diverging Pongine". *Nature*, v. 576, pp. 262-5, 2019.)

8. Veja Madelaine Böhme et al., "A New Miocene Ape and Locomotion in the Ancestor of Great Apes and Humans". *Nature*, v. 575, pp. 489-93, 2019, e o comentário de Tracy L. Kivell, "Fossil Ape Hints and How Walking on Two Feet Evolved". *Nature*, v. 575, pp. 445-6, 2019.

9. Veja Lorenzo Rook et al., "*Oreopithecus* was a Bipedal Ape After All: Evidence from the Iliac Cancellous Architecture". *Proceedings of the National Academy of Sciences of the United States of America*, v. 96, pp. 8795-9, 1999.

10. Nunca houve grandes símios nas Américas. Eles surgiram a partir de macacos do Velho Mundo: os macacos do Novo Mundo são apenas parentes distantes, que podem ter evoluído de imigrantes que chegaram às Américas vindos da África no Eoceno (veja Mariano Bond et al., "Eocene Primates of South America and the African Origins of New World Monkeys". *Nature*, v. 520, pp. 538-41, 2015). Eles se distinguem de seus primos do Velho Mundo por reterem caudas longas, que muitas vezes são capazes de agarrar e funcionam como um quinto membro. Essa pode ser uma razão pela qual, nas Américas, os macacos permaneceram macacos e não deram origem a nenhuma forma semelhante de grande símio ou mesmo formas terrestres, como os macacos quase sem cauda do Velho Mundo.

11. Devo acrescentar uma nota para dissipar qualquer confusão entre os termos "hominíneo" e "hominídeo". O termo "hominídeo" costumava se referir a qualquer membro da família Hominidae, que incluía humanos modernos e quaisquer parentes extintos dos humanos que não estivessem mais intimamente relacionados aos grandes macacos, ou pongídeos, da família Pongidae. Nos últimos anos, ficou claro que os Pongidae não formam um grupo "natural": ou seja, um grupo no qual todos os membros compartilham exclusivamente o mesmo ancestral comum. Acontece que os humanos estão mais intimamente relacionados com os chimpanzés do que humanos e chimpanzés estão relacionados com gorilas, enquanto o orangotango é um parente mais distante. Ou seja, a família Pongidae não pode compartilhar uma ancestralidade comum que não inclua também a ancestralidade dos Hominidae. Para resolver isso, a definição da família Hominidae foi expandida para incluir todos os grandes símios, bem como os humanos, e o nome hominíneo (membro da subtribo Hominina, da tribo Hominini, da subfamília Homininae) é usado para se referir aos humanos modernos e quaisquer parentes extintos de humanos que não estejam mais intimamente relacionados aos chimpanzés — e é assim que uso o termo aqui. As coisas ficam ainda mais confusas pelo uso conflitante. Alguns pesquisadores agora usam o termo "hominíneo" nesse sentido, enquanto outros ainda usam "hominídeo", e alguns desses dois grupos mudaram de ideia com o tempo, tornando a leitura de parte da literatura a que me refiro um tanto confusa.

12. Veja Michel Brunet et al., "A New Hominid from the Upper Miocene of Chad, Central Africa". *Nature*, v. 418, pp. 145-51, 2002; e Patrick Vignaud et al., "Geology and Palaeontology of the Upper Miocene Toros-Menalla Hominid Locality, Chad". *Nature*, v. 418, pp. 152-5, 2002. Bernard Wood escreveu um comentário, "Hominid Revelations from Chad". *Nature*, v. 418, pp. 133-5, 2002.

13. Os descobridores do crânio do *Sahelanthropus* o batizaram de "Toumaï". Em goran, a língua das pessoas que se agarram à vida nessa região inóspita, isso significa "esperança de vida".

14. Veja Yohannes Haile-Selassie et al., "Late Miocene Hominids from the Middle Awash, Ethiopia". *Nature*, v. 412, pp. 178-81, 2001.

15. Martin Pickford et al., "Bipedalism in *Orrorin tugenensis* Revealed by Its Femora". *Comptes Rendus Palevol*, v. 1, pp. 191-203, 2002.

16. Em sua maioria, as descobertas em evolução humana datadas a partir de 5 milhões de anos atrás foram feitas em uma estreita faixa da África que se estende do Malawi, no sul, em direção ao norte, passando pela Tanzânia, pelo Quênia e pela Etiópia. Esse é o Great Rift Valley [Vale da Grande Fenda], um corte que se alarga gradualmente, criado conforme duas seções da crosta terrestre são dilaceradas pelas forças das placas tectônicas. Pedaços gigantescos da parede da fenda caem no espaço cada vez maior: os efeitos da chuva e do sol, por erosão, os transformam em sedimentos. À medida que as placas se separam, o magma cospe e borbulha por baixo, criando vulcões. Rios e lagos estão sempre se formando, fundindo-se, expandindo-se e encolhendo no fundo do vale. A combinação de sedimentação, lagos e vulcões é ideal para a fossilização, e foi dos sedimentos lacustres da Fenda de Quênia, Tanzânia e Etiópia que se coletou a maior parte das evidências da evolução humana. A maior parte do restante vem de cavernas de calcário antigas e erodidas em uma pequena área do Sul da África, conhecida como o "Berço da Humanidade". Os sedimentos das cavernas são notoriamente difíceis de datar, embora algum progresso tenha ocorrido. Veja, por exemplo, Robyn Pickering et al., "U-Pb-Dated Flowstones Restrict South African Early Hominin Record to Dry Climate Phases". *Nature*, v. 565, pp. 226-9, 2019. A Terra ainda está se movendo e, por isso, segue adiante: em alguns milhões de anos, a África a leste da Fenda terá se separado de seu continente pai. O mar vai invadir para preencher o vazio. A Fenda é um novo oceano pego no ato de nascer; mais ou menos como a fenda no leste da América do Norte no final do Triássico, que deu origem ao oceano Atlântico, mas sem o mesmo drama.

17. Veja Katherine K. Whitcome et al., "Fetal Load and the Evolution of Lumbar Lordosis in Bipedal Hominins". *Nature*, v. 450, pp. 1075-8, 2007.

18. Veja Alan M. Wilson et al., "Biomechanics of Predator-Prey Arms Race in Lion, Zebra, Cheetah and Impala". *Nature*, v. 554, pp. 183-8, 2018; e o comentário de Andrew A. Biewener, "Evolutionary Race as Predators Hunt Prey". *Nature*, v. 554, pp. 176-8, 2018.

19. Outros mamíferos bípedes são os cangurus e vários roedores saltitantes, como os jerboas; mas os cangurus sustentam a postura ereta com a ajuda de uma cauda longa, e os roedores saltitantes tendem a pular, usando os dois pés ao mesmo tempo.

20. Algo que descobri por conta própria quando quebrei um tornozelo em um acidente trivial em casa, em agosto de 2018. Esse acidente me deixou totalmente desamparado, um estado que melhorou graças aos procedimentos instantaneamente acessíveis do aparelho quase incompreensivelmente complexo e vasto que é o National Health Service; incluindo uma ambulância, um hospital-escola totalmente equipado, paramédicos, enfermeiros, anestesistas, cirurgiões,

sem contar um exército de pessoal de apoio e — quando saí do hospital — fisioterapeutas; o empréstimo de uma cadeira de rodas da Cruz Vermelha; e (principalmente) os cuidados da sra. Gee, que, em parte devido a seu grande sofrimento, decidiu se matricular em um curso de enfermagem, especializando--se em pacientes com dificuldades de aprendizagem (vai entender). O National Health Service é o maior empregador não apenas na Grã-Bretanha, mas em toda a Europa, e consome uma fatia considerável das despesas públicas da Grã-Bretanha. Sem esse apoio, um hominíneo antigo que quebrasse o tornozelo na savana africana provavelmente teria sido morto e comido.

21. Veja Tim D. White et al., "*Australopithecus ramidus*, a New Species of Early Hominid from Aramis, Ethiopia". *Nature*, v. 371, pp. 306-12, 1994.

22. Veja Ann Gibbons, "A Rare 4.4-million-year-old Skeleton Has Drawn Back the Curtain of Time to Reveal the Surprising Body Plan and Ecology of Our Earliest Ancestors". *Science*, v. 326, pp. 1598-9, 2009.

23. Veja Meave Leakey et al., "New Four-Million-Year-Old Hominid Species from Kanapoi and Allia Bay, Kenya". *Nature*, v. 376, pp. 565-71, 1995; Yohannes Haile-Selassie et al., "A 3.8-Million-Year-Old Hominin Cranium from Woranso--Mille, Ethiopia". *Nature*, v. 573, pp. 214-9, 2019; Fred Spoor, "Elusive Cranium of Early Hominin Found". *Nature*, v. 573, pp. 200-2, 2019.

24. Donald Johanson et al., "A New Species of the Genus *Australopithecus* (Primates, Hominidae) from the Pliocene of Eastern Africa". *Kirtlandia*, v. 28, pp. 1-14, 1978. Pelo menos duas outras espécies são conhecidas por terem vivido na área no mesmo período. Veja Yohannes Haile-Selassie et al., "New Species From Ethiopia Further Expands Middle Pliocene Hominin Diversity". *Nature*, v. 521, pp. 483-8, 2015; Fred Spoor, "The Middle Pliocene Gets Crowded". *Nature*, v. 521, pp. 432-3, 2015; Meave G. Leakey et al., "New Hominin Genus from Eastern Africa Shows Diverse Middle Pliocene Lineages". *Nature*, v. 410, pp. 433-40, 2001; Daniel Lieberman, "Another Face in Our Family Tree". *Nature*, v. 410, pp. 419-20, 2001.

25. Onde uma criatura muito semelhante foi batizada como *Australopithecus bahrelghazali*: Michel Brunet et al., "The First Australopithecine 2,500 Kilometres West of the Rift Valley (Chad)". *Nature*, v. 378, pp. 273-5, 1995.

26. Conforme revelado por pegadas depositadas em cinzas vulcânicas úmidas e preservadas em Laetoli, na Tanzânia. As pegadas de hominíneos ocorrem em dois lugares separados. Em um deles, um hominíneo caminha sozinho. No outro, um hominíneo parece estar acompanhado por uma criança que possivelmente está seguindo o adulto. (Veja Mary D. Leakey e R. L. Hay, "Pliocene Footprints in the Laetolil Beds and Laetoli, Northern Tanzania". *Nature*, v. 278, pp. 317-23, 1979.)

27. Dito isso, fraturas no espécime mais completo, o famoso esqueleto conhecido como "Lucy", sugerem que ela morreu por ferimentos sofridos ao

cair de uma árvore. (Veja John Kappelman et al., "Perimortem Fractures in Lucy Suggest Mortality from Fall Out of a Tree". *Nature*, v. 537, pp. 503-7, 2016.)

28. Veja Thure Cerling et al., "Woody Cover and Hominin Environments in the Past 6 Million Years". *Nature*, v. 476, pp. 51-6, 2011; Craig S. Feibel, "Shades of the Savannah". *Nature*, v. 476, pp. 39-40, 2011.

29. Yohannes Haile-Selassie et al., "A New Hominin Foot from Ethiopia Shows Multiple Pliocene Bipedal Adaptations". *Nature*, v. 483, pp. 565-9, 2012; Daniel Lieberman, "Those Feet in Ancient Times". *Nature*, v. 483, pp. 550-1, 2012.

30. Havia várias espécies de *Australopithecus* e *Homo*, como *Australopithecus garhi* (veja Berhane Asfaw et al., "*Australopithecus garhi*: a New Species of Early Hominid from Ethiopia". *Science*, v. 284, pp. 629-35, 1999); *Australopithecus sediba* (Lee Berger et al., "*Australopithecus sediba*: a New Species of Homo-like Australopith from South Africa". *Science*, v. 328, pp. 195-204, 2010); *Homo habilis* e *Homo rudolfensis* (Fred Spoor et al., "Reconstructed *Homo habilis* Type OH_7 Suggests Deep-Rooted Species Diversity in Early *Homo*". *Nature*, v. 519, pp. 83-6, 2015); e *Homo naledi* (Lee Berger et al., "*Homo naledi*: a New Species of the Genus *Homo* from the Dinaledi Chamber, South Africa". *eLife*, v. 4, 2015). A relação entre essas criaturas é alvo de amplo debate. Embora a denominação de *Homo* tenha sido originalmente concebida para refletir maior tamanho do cérebro e capacidade tecnológica (veja L. S. B. Leakey, "A New Fossil Skull from Olduvai". *Nature*, v. 184, pp. 491-3, 1959; L. S. B. Leakey et al., "A New Species of the Genus *Homo* from Olduvai Gorge". *Nature*, v. 202, pp. 7-9, 1964), a descoberta de ferramentas de pedra muito anteriores ao *Homo* mais antigo — cerca de 3,3 milhões de anos atrás — colocou essa distinção em dúvida. De fato, foi apresentado um argumento bem embasado de que as diferenças entre as primeiras espécies de *Homo* e o *Australopithecus* eram pequenas demais para que eles merecessem essa distinção (veja Bernard Wood e Mark Collard, "The Human Genus". *Science*, v. 284, pp. 65-71, 1999).

31. Veja Sonia Harmand et al., "3.3-Million-Year-Old Stone Tools from Lomekwi 3, West Turkana, Kenya". *Nature*, v. 521, pp. 310-5, 2015; Erella Hovers, "Tools Go Back in Time". *Nature*, v. 521, pp. 294-5, 2015; Shannon McPherron et al., "Evidence for Stone-Tool-Assisted Consumption of Animal Tissues Before 3.39 Million Years Ago at Dikika, Ethiopia". *Nature*, v. 466, pp. 857-60, 2010; David Braun, "Australopithecine Butchers". *Nature*, v. 466, 828, 2010.

32. As primeiras ferramentas não eram mais sofisticadas do que aquelas que os chimpanzés usam hoje, e é muito difícil distingui-las das rochas lascadas por processos naturais. De fato, várias espécies de primatas, não apenas hominíneos, são conhecidas por selecionar seixos e movê-los para áreas específicas para uso. É difícil distinguir alguns desses artefatos daqueles atribuídos aos primeiros hominíneos. (Veja Michael Haslam et al., "Primate Archaeology Evolves". *Nature Ecology & Evolution*, v. 1, pp. 1431-7, 2017.)

33. Veja Katherine D. Zink e Daniel E. Lieberman, "Impact of Meat and Lower Palaeolithic Food Processing Techniques on Chewing in Humans". *Nature*, v. 531, pp. 500-3, 2016.

PELO MUNDO TODO [PP. 145-65]

1. ... que é a mesma coisa que 23,5 graus a partir da vertical, mas expresso como uma divergência da horizontal. Os dois valores somam noventa graus.

2. O mesmo vale para as estrelas do hemisfério Sul. No entanto, aparentemente, a região celestial do polo Sul é um pedaço de céu especialmente monótono e chato, com nada de muito especial e certamente nenhuma estrela proeminente para marcar o equivalente a Polaris.

3. Para além do fato de eu ser britânico e ter estudado a fauna da era glacial da Grã-Bretanha para minha tese de doutorado, há uma boa razão para escolher a Grã-Bretanha como exemplo. Como uma ilha na borda ocidental de uma grande massa de terra, ela foi vítima das mudanças climáticas mais extremas nesse período, e por isso é um bom exemplo da situação geral. Essa é a minha desculpa. E não vou ceder.

4. Veja Glen A. Jones, "A Stop-Start Ocean Conveyer". *Nature*, v. 349, pp. 364-5, 1991.

5. Esses pulsos repentinos de desprendimento de icebergs são conhecidos como eventos de Heinrich. Veja Jeremy Bassis et al., "Heinrich Events Triggered by Ocean Forcing and Modulated by Isostatic Adjustment". *Nature*, v. 542, pp. 332-4, 2017; Andreas Vieli, "Pulsating Ice Sheet". *Nature*, v. 542, pp. 298-9, 2017.

6. Isso é capturado de forma surpreendente no solo. Os leitos fósseis na Etiópia que abrangem a transição mostram uma diminuição acentuada nas espécies que gostam de florestas mistas, como o *Australopithecus*, e um aumento nas espécies de campo aberto, como cavalos, camelos — e o *Homo*. Veja Zeresenay Alemseged et al., "Fossils from Mille-Logya, Afar, Ethiopia, Elucidate the Link Between Pliocene Environmental Change and *Homo* Origins". *Nature Communications*, v. 11, 2480, 2020.

7. Veja Dennis Bramble e Daniel Lieberman, "Endurance Running and the Evolution of *Homo*". *Nature*, v. 432, pp. 345-52, 2004, para um ensaio convincente sobre a importância da corrida de resistência na história humana. Devo acrescentar que sua exegese sobre anatomia diz respeito ao *Homo sapiens*, não ao *Homo erectus* especificamente, então tomei algumas liberdades. Dito isso, o *Homo erectus* foi o primeiro hominíneo com uma forma corporal muito semelhante à dos humanos modernos.

8. Uma comparação das taxas de violência letal em mamíferos mostra que hominíneos e primatas são mais violentos que mamíferos em geral. (Veja José

María Gómez et al., "The Phylogenetic Roots of Human Lethal Violence". *Nature*, v. 538, pp. 233-7, 2016, com o comentário de Mark Pagel, "Lethal Violence Deep in the Human Lineage". *Nature*, v. 538, pp. 180-1, 2016.)

9. ... com um pênis minúsculo. O membro masculino ereto de um gorila tem cerca de três centímetros de comprimento. Mesmo um homem humano médio pode adicionar dez centímetros a isso. Veja Mark Maslin, "Why Did Humans Evolve Big Penises But Small Testicles?". *The Conversation*, 25 jan. 2017; David Veale et al., "Am I Normal? A Systemic Review and Construction of Nomograms for Flaccid and Erect Penis Length and Circumference in up to 15,521 Men". *BJU International*, v. 115, pp. 978-86, 2015.

10. Veja Sigrunn Eliassen e Christian Jørgensen, "Extra-Pair Mating and Evolution of Cooperative Neighbourhoods". *PloS ONE*, 2014. Disponível em: <www.doi.org/10.1371./journal.pone.0099878>. Acesso em: 27 fev. 2024; Ben C. Sheldon e Marc Mangel, "Love Thy Neighbour". *Nature*, v. 512, pp. 381-2, 2014.

11. Alan Walker e Pat Shipman descrevem o *Homo erectus* como tal em seu perspicaz livro *The Wisdom of Bones* (Nova York: Vintage, 1997).

12. Veja Christopher Dean et al., "Growth Processes in Teeth Distinguish Modern Humans from *Homo erectus* and Earlier Hominins". *Nature*, v. 414, pp. 628-31, 2001; e o comentário de Jacopo Moggi-Cecchi, "Questions of Growth". *Nature*, v. 414, pp. 595-7, 2001.

13. Embora as primeiras ferramentas acheulenses conhecidas tenham sido encontradas na África (veja, por exemplo, Berhane Asfaw et al., "The Earliest Acheulean from Konso-Gardula". *Nature*, v. 360, pp. 732-5, 1992), a cultura como um todo é nomeada em homenagem a Saint-Acheul, um sítio arqueológico na França onde ela foi descoberta.

14. Jorge Luis Borges, "There are more things". In: *O livro de areia*. Trad. de Davi Arrigucci Jr. São Paulo: Companhia das Letras, 2009, pp. 43-50.

15. Veja Josephine Joordens et al., "*Homo erectus* at Trinil on Java Used Shells for Tool Production and Engraving". *Nature*, v. 518, pp. 228-31, 2015.

16. As pessoas sempre ficaram surpresas ao saber que os humanos são parentes próximos dos chimpanzés, do gorila e do orangotango. Considerações religiosas à parte, os humanos são surpreendentemente diferentes dessas criaturas. A razão é que, enquanto os humanos mudaram muito em relação ao ancestral comum que compartilhamos com os macacos, os macacos mudaram muito menos.

17. O primeiro fóssil conhecido atribuível ao *Homo erectus* é uma parte de um crânio da caverna Drimolen, na África do Sul, datado em pouco mais de 2 milhões de anos atrás: veja Andy Herries et al., "Contemporaneity of *Australopithecus*, *Paranthropus* and Early *Homo erectus* in South Africa". *Science*, v. 368, 2020. Disponível em: <www.doi: 10.1126/science.aaw7293>.

Acesso em: 21 fev. 2024. O exemplo mais completo de *Homo erectus* africano é o esqueleto de um jovem do Quênia: veja Frank Brown et al., "Early *Homo erectus* Skeleton from West Lake Turkana, Kenya". *Nature*, v. 316, pp. 788-92, 1985. A forma longa e esguia do esqueleto contrasta marcadamente com as estruturas mais atarracadas dos hominíneos anteriores.

18. Veja Min Zhu et al., "Hominin Occupation of the Chinese Loess Plateau Since About 2.1 Million Years Ago". *Nature*, v. 559, pp. 608-12, 2018.

19. Veja Guanjun Shen et al., "Age of Zhoukoudian *Homo erectus* Determined with 26Al/10Be Burial Dating". *Nature*, v. 458, pp. 198-200, 2009; e o comentário de Russell L. Ciochon e E. Arthur Bettis, "Asian *Homo erectus* Converge in Time". *Nature*, v. 458, pp. 153-4, 2009.

20. Veja Jeffrey Schwartz, "Why Constrain Hominid Taxic Diversity?". *Nature Ecology & Evolution*, 5 ago. 2019. Disponível em: <www.doi.org/10.1038/s41559-019-0959-2>. Acesso em: 27 fev. 2024, para um argumento incisivo em favor da diversidade taxonômica de *Homo erectus*.

21. Considerando que todas as espécies têm formalmente um nome binomial que consiste em um gênero (*Homo*) e uma espécie (como *sapiens*), e também podem adquirir um nome subespecífico (como, bem, *sapiens*, o que dá *Homo sapiens sapiens*), esses povos antigos adquiriram, recentemente, um tetranômio, *Homo erectus ergaster georgicus*, um nome único nos anais da nomenclatura, exceto talvez por membros da família real britânica, e que apenas sublinha o fato de que ser membro de *Homo erectus* é uma religião muito aberta. Veja Leo Gabunia e Abesalom Vekua, "A Plio-Pleistocene Hominid from Dmanisi, East Georgia, Caucasus". *Nature*, v. 373, pp. 509-12, 1995; David Lordkipanidze et al., "A Complete Skull from Dmanisi, Georgia, and the Evolutionary Biology of Early *Homo*". *Science*, v. 342, pp. 326-31, 2013, para esse nome notável e uma discussão sobre os problemas concretos de enfiar espécimes fósseis no que poderiam ter sido espécies de graus desconhecidos de variação.

22. Veja Yan Rizal et al., "Last Appearance of *Homo erectus* at Ngandong, Java, 117,000-108,000 Years Ago". *Nature*, v. 577, pp. 381-5, 2020.

23. Veja C. Swisher et al., "Latest *Homo erectus* of Java: Potential Contemporaneity with *Homo sapiens* in Southeast Asia". *Science*, v. 274, pp. 1870-4, 1996.

24. Veja Thomas Ingicco et al., "Earliest Known Hominin Activity in the Philippines by 709 Thousand Years Ago". *Nature*, v. 557, pp. 233-7, 2018.

25. Veja Florent Détroit et al., "A New Species of *Homo* from the Late Pleistocene of the Philippines". *Nature*, v. 568, pp. 181-6, 2019, e o comentário de Matthew W. Tocheri, "Previously Unknown Human Species Found in Asia Raises Questions About Early Hominin Dispersals from Africa". *Nature*, v. 568, pp. 176-8, 2019.

26. Veja Peter Brown et al., "A New Small-Bodied Hominin from the Late Pleistocene of Flores, Indonesia". *Nature*, v. 431, pp. 1055-61, 2004, com comentário de Marta Mirazón Lahr e Robert Foley, "Human Evolution Writ Small". *Nature*, v. 431, pp. 1043-4, 2004; M. J. Morwood et al., "Further Evidence for Small-Bodied Hominins from the Late Pleistocene of Flores, Indonesia". *Nature*, v. 437, pp. 1012-7, 2005; e a coleção on-line The Hobbit at 10. Disponível em: <www.nature.com/collections/baiecchdeh>. Acesso em: 28 fev. 2024.

27. Veja Thomas Sutikna et al., "Revised Stratigraphy and Chronology for *Homo floresiensis* at Liang Bua in Indonesia". *Nature*, v. 532, pp. 366-9, 2016; Gerrit D. van den Bergh et al., "*Homo floresiensis*-like Fossils from the Early Middle Pleistocene of Flores". *Nature*, v. 534, pp. 245-8, 2016; Adam Brumm et al., "Early Stone Technology on Flores and its Implications for *Homo floresiensis*". *Nature*, v. 441, pp. 624-8, 2006.

28. Esses ratos ainda existem e são acompanhados por ratos de tamanho médio e ratos pequenos. Quando visitei a caverna de Liang Bua em Flores, onde os primeiros espécimes de *Homo floresiensis* foram desenterrados, passei um dia feliz ajudando o dr. Hanneke Meijer a organizar as centenas de ossos de ratos em diferentes classes de tamanho, além de centenas de ossos de morcegos, e — o interesse especial de Hanneke — os menos frequentes, mas muito valorizados, ossos de aves. Esses ossos tinham sido arduamente extraídos de cada grama de sedimento escavado do solo e colocados em sacos marcados com a localização tridimensional exata onde o sedimento fora encontrado. Os trabalhadores do acampamento levaram os sacos pesados morro abaixo até os arrozais, peneiraram os ossos e os levaram de volta para nós os estudarmos. Qualquer escavação deve dar enorme crédito ao trabalho árduo da equipe de bastidores que torna possíveis as grandes descobertas, aquelas anunciadas com fanfarra em revistas científicas internacionais.

29. Victoria Herridge me lembrou de fazer menção especial aos elefantes anões. Não posso deixar de imaginar que elefantes e pessoas ficaram cada vez menores, até ficarem microscópicos e, efetivamente invisíveis, desaparecerem de vista, como o protagonista de *O incrível homem que encolheu* (1957).

30. Veja José-María Bermúdez de Castro et al., "A Hominid from the Lower Pleistocene of Atapuerca, Spain: Possible Ancestor to Neandertals and Modern Humans". *Science*, v. 276, pp. 1392-5, 1997; Simon A. Parfitt et al., "Early Pleistocene Human Occupation at the Edge of the Boreal Zone in Northwest Europe". *Nature*, v. 466, pp. 229-33, 2010, com o comentário de Andrew P. Roberts e Rainer Grün, "Archaeology: Early Human Northerners". *Nature*, v. 466, pp. 189-90, 2010; Nick Ashton et al., "Hominin Footprints from Early Pleistocene Deposits at Happisburgh, UK". *PloS ONE*, 2014. Disponível em: <www.doi.org/10.1371/journal.pone.0088329>. Acesso em: 27 fev. 2024.

31. Veja Frido Welker et al., "The Dental Proteome of *Homo antecessor*". *Nature*, v. 580, pp. 235-8, 2020.

32. Veja Hartmut Thieme, “Lower Palaeolithic Hunting Spears from Germany”. *Nature*, v. 385, pp. 807-10, 1997.

33. Veja Mark Roberts et al., “A Hominid Tibia from Middle Pleistocene Sediments at Boxgrove, UK”. *Nature*, v. 369, pp. 311-3, 1994.

34. Veja Juan-Luis Arsuaga et al., “Three New Human Skulls from the Sima de los Huesos Middle Pleistocene Site in Sierra de Atapuerca, Spain”. *Nature*, v. 362, pp. 534-7, 1993.

35. O DNA nuclear mostra que os indivíduos de Atapuerca eram parentes mais próximos dos neandertais que de qualquer outro hominíneo. Veja Matthias Meyer et al., “Nuclear DNA Sequences from the Middle Pleistocene Sima de los Huesos Hominins”. *Nature*, v. 531, pp. 504-7, 2016.

36. Veja Jacques Jaubert et al., “Early Neanderthal Constructions Deep in Bruniquel Cave in Southwestern France”. *Nature*, v. 534, pp. 111-4, 2016; e o comentário de Marie Soressi, “Neanderthals Built Underground”. *Nature*, v. 534, pp. 43-4, 2016.

37. Os denisovanos têm esse nome por causa da caverna Denisova nas montanhas do Altai, no sul da Sibéria, onde seus vestígios foram identificados pela primeira vez. Eles não têm — ainda — um nome zoológico formal.

38. Veja Fahu Chen et al., “A Late Middle Pleistocene Denisovan Mandible from the Tibetan Plateau”. *Nature*, v. 569, pp. 409-12, 2019.

39. Se foi assim, eles pisaram muito levemente mesmo. Argumenta-se, de forma muito controversa, que um local de morte de mastodontes no sul da Califórnia datado em cerca de 125 mil anos atrás foi formado por ação humana. Se for verdade, isso é muito anterior à data de início da ocupação humana nas Américas, que, de acordo com os mais otimistas, é de, no máximo, 30 mil anos atrás. (Veja Steven Holen et al., “A 130,000-Year-Old Archaeological Site in Southern California, USA”. *Nature*, v. 544, pp. 479-83, 2017.)

40. Veja David Reich et al., “Genetic History of an Archaic Hominin Group from Denisova Cave in Siberia”. *Nature*, v. 468, pp. 1053-60, 2010; e o comentário de Carlos D. Bustamante e Brenna M. Henn, “Shadows of Early Migrations”. *Nature*, v. 468, pp. 1044-5, 2010.

O FIM DA PRÉ-HISTÓRIA [PP. 167-80]

1. Veja Ana Navarrete et al., “Energetics and the Evolution of Human Brain Size”. *Nature*, v. 480, pp. 91-3, 2011; Richard Potts, “Big Brains Explained”. *Nature*, v. 480, pp. 43-4, 2011.

2. A seleção natural também favoreceu a preferência masculina por formas de corpo feminino mais curvilíneas: veja Douglas W. Yu e Glenn H. Shepard Jr., “Is Beauty in the Eye of the Beholder?”. *Nature*, v. 396, pp. 321-2, 1998.

3. Veja Kristen Hawkes, "Grandmothers and the Evolution of Human Longevity". *American Journal of Human Biology*, v. 15, pp. 380-400, 2003. É desnecessário dizer que a hipótese da avó, como tudo o mais na evolução da história da vida humana, é controversa, mas é a que parece fazer mais sentido para mim.

4. Isso explica por que os homens têm mamilos. Como as fêmeas têm seios e mamilos, os machos também têm mamilos, embora menores e não funcionais. Eles também incorrem em um custo: o câncer de mama ocorre nos homens, assim como nas mulheres, mas é raro. Paradoxalmente, a evolução das preferências femininas de escolha de parceiros faz com que características prejudiciais sejam mantidas nos machos. (Veja Pavitra Muralidhar, "Mating Preferences of Selfish Sex Chromosomes". *Nature*, v. 570, pp. 376-9; Mark Kirkpatrick, "Sex Chromosomes Manipulate Mate Choice". *Nature*, v. 570, pp. 311-2, 2019.)

5. Sou grato a Simon Conway Morris por este insight.

6. Jared Diamond especula que o aumento do diabetes tipo 2, em especial entre pessoas que até recentemente viviam em dietas de subsistência, é o resultado de uma mudança repentina para o estilo de vida ocidental em que não há fome e é comum a ingestão em excesso de alimentos açucarados. (Veja Jared Diamond, "The Double Puzzle of Diabetes". *Nature*, v. 423, pp. 599-602, 2003.)

7. O *Homo rhodesiensis*, uma criatura semelhante ao *Homo heidelbergensis*, viveu na África Central há cerca de 300 mil anos (veja Rainer Grün et al., "Dating the Skull from Broken Hill, Zambia, and Its Position in Human Evolution". *Nature*, v. 580, pp. 372-5, 2020), mas houve outros. Uma espécie de hominíneo com um crânio notavelmente arcaico viveu na Nigéria até recentemente, há 11 mil anos (veja Katerina Harvati et al., "The Later Stone Age Calvaria from Iwo Eleru, Nigeria: Morphology and Chronology". *PloS ONE*, 2011. Disponível em: <www.doi.org/10.1371/journal.pone.0024024>. Acesso em: 27 fev. 2024). Há evidências de outras espécies arcaicas na África, preservadas apenas na forma de fragmentos de DNA em humanos modernos — como muitos gatos de Cheshire, que vão desaparecendo gradualmente até que restem apenas seus sorrisos. (Veja, por exemplo, PingHsun Hsieh et al., "Model-Based Analyses of Whole-Genome Data Reveal a Complex Evolutionary History Involving Archaic Introgression in Central African Pygmies". *Genome Research*, v. 26, pp. 291-300, 2016.)

8. As primeiras evidências conhecidas do surgimento do *Homo sapiens* datam de cerca de 315 mil anos atrás e vêm do Marrocos (veja Jean-Jacques Hublin et al., "New Fossils from Jebel Irhoud, Morocco, and the Pan-African Origin of *Homo sapiens*". *Nature*, v. 546, pp. 289-92, 2017; Daniel Richter et al., "The Age of the Hominin Fossils from Jebel Irhoud, Morocco, and the Origins of the Middle Stone Age". *Nature*, v. 546, pp. 293-6, 2017; Chris Stringer e Julia Galway-Witham, "On the Origin of Our Species". *Nature*, v. 546, pp. 212-4,

2017). Entre outros espécimes antigos de *Homo sapiens* há vestígios de Kibish, na Etiópia, datados em cerca de 195 mil anos atrás (Ian McDougall et al., "Stratigraphic Placement and Age of Modern Humans from Kibish, Ethiopia". *Nature*, v. 433, pp. 733-6, 2005), e o Médio Awash, também na Etiópia (veja Tim White et al., "Pleistocene *Homo sapiens* from Middle Awash, Ethiopia". *Nature*, v. 423, pp. 742-7, 2003; Chris Stringer, "Out of Ethiopia". *Nature*, v. 423, pp. 693-5, 2003).

9. Veja Katerina Harvati et al., "Apidima Cave Fossils Provide Earliest Evidence of *Homo sapiens* in Eurasia". *Nature*, v. 571, pp. 500-4, 2019; Frank McDermott et al., "Mass-Spectrometric U-series Dates for Israeli Neanderthal/Early Modern Hominid Sites". *Nature*, v. 363, pp. 252-5, 1993; Israel Hershkovitz et al., "The Earliest Modern Humans Outside Africa". *Science*, v. 359, pp. 456-9, 2018.

10. Veja Eva Chan et al., "Human Origins in a Southern African Palaeo-Wetland and First Migrations". *Nature*, v. 575, pp. 185-9, 2019.

11. Veja Christopher Henshilwood et al., "A 100,000-year-old Ochre-Processing Workshop at Blombos Cave, South Africa". *Science*, v. 334, pp. 219-22, 2011.

12. Veja Christopher Henshilwood et al., "An Abstract Drawing from the 73,000-year-old Levels at Blombos Cave, South Africa". *Nature*, v. 562, pp. 115-8, 2018.

13. Veja Kyle Brown et al., "An Early and Enduring Advanced Technology Originating 71,000 Years Ago in South Africa". *Nature*, v. 491, pp. 590-3.

14. Veja Teresa Rito et al., "A Dispersal of *Homo sapiens* from Southern to Eastern Africa Immediately Preceded the Out-of-Africa Migration". *Scientific Reports*, v. 9, 4728, 2019.

15. Toba superou e muito a famosa erupção do Tambora, também na Indonésia, em 1815, que deu início ao "ano sem verão", quando um grupo de radicais que esperava desfrutar de férias de verão acabou se refugiando em uma vila no lago Genebra e se divertindo ao compor histórias de terror. Uma das pessoas do grupo era a adolescente Mary Shelley, que criou a história *Frankenstein ou o Prometeu moderno*. Certamente, algo guardado para um dia de chuva.

16. Veja Eugene Smith et al., "Humans Thrived in South Africa Through the Toba Eruption About 74,000 Years Ago". *Nature*, v. 555, pp. 511-5, 2018.

17. Veja Michael Petraglia et al., "Middle Paleolithic Assemblages from the Indian Subcontinent Before and After the Toba Super-Eruption". *Science*, v. 317, pp. 114-6, 2007.

18. Veja Kira Westaway et al., "An Early Modern Human Presence in Sumatra 73,000-63,000 Years Ago". *Nature*, v. 548, pp. 322-5, 2017.

19. Esse aparenta ser o caso dos australopitecos. A análise de traços químicos no esmalte dos dentes de australopitecos mostra que os indivíduos menores — presumivelmente do sexo feminino — se movimentavam mais que os machos

ao longo da vida. (Veja Sandi Copeland et al., "Strontium Isotope Evidence for Landscape Use by Early Hominins". *Nature*, v. 474, pp. 76-8, 2011; Margaret Schoeninger, "In Search of the Australopithecines". *Nature*, v. 474, pp. 43-5, 2011.)

20. Veja Axel Timmermann e Tobias Friedrich, "Late Pleistocene Climate Drivers of Early Human Migration". *Nature*, v. 538, pp. 92-5, 2016.

21. Veja Chris Clarkson et al., "Human Occupation of Northern Australia by 65,000 Years Ago". *Nature*, v. 547, pp. 306-10, 2017.

22. Veja, por exemplo, Fernando A. Villanea e Joshua G. Schraiber, "Multiple Episodes of Interbreeding Between Neanderthals and Modern Humans". *Nature Ecology & Evolution*, v. 3, pp. 39-44, 2019, com comentário de Fabrizio Mafessoni, "Encounters with Archaic Hominins". *Nature Ecology & Evolution*, v. 3, pp. 14-5, 2019; Sriram Sankararaman et al., "The Genomic Landscape of Neanderthal Ancestry in Present-Day Humans". *Nature*, v. 507, pp. 354-7, 2014.

23. Veja Emilia Huerta-Sánchez et al., "Altitude Adaptation in Tibetans Caused by Introgression of Denisovan-like DNA". *Nature*, v. 512, pp. 194-7, 2014.

24. Veja Jean-Jacques Hublin et al., "Initial Upper Palaeolithic *Homo sapiens* from Bacho Kiro Cave, Bulgaria". *Nature*, v. 581, pp. 299-302, 2020, com comentário de Helen Fewlass et al., "A 14C Chronology for the Middle to Upper Palaeolithic Transition at Bacho Kiro Cave, Bulgaria". *Nature Ecology & Evolution*, v. 4, pp. 794-801, 2020, e comentário de William E. Banks, "Puzzling out the Middle-to-Upper Palaeolithic Transition". *Nature Ecology & Evolution*, v. 4, pp. 775-6, 2020. Veja também Miguel Cortés-Sanchéz et al., "An Early Aurignacian Arrival in South-Western Europe". *Nature Ecology & Evolution*, v. 3, pp. 207-12, 2019; Stefano Benazzi et al., "Early Dispersal of Modern Humans in Europe and Implications for Neanderthal Behaviour". *Nature*, v. 479, pp. 525-8, 2011.

25. Veja Tom Higham et al., "The Timing and Spatiotemporal Patterning of Neanderthal Disappearance". *Nature*, v. 512, pp. 306-9, 2014, com comentário de William Davies, "The Time of the Last Neanderthals". *Nature*, v. 512, pp. 260-1, 2014.

26. "Você está me dizendo que eles *copularam*?", perguntou um membro idoso e incrédulo da plateia, em tom afetado, a um palestrante que abordava esse tema sensível em uma reunião sobre DNA antigo na Royal Society, em Londres. Sentado em algum lugar no fundo, fiquei tentado a me levantar e responder, em um tom igualmente imperioso, que "não só eles copularam, mas sua união foi abençoada com muitos descendentes!". Permaneci no meu assento.

27. Veja Oren Koldony e Marcus W. Feldman, "A Parsimonious Neutral Model Suggests Neanderthal Replacement Was Determined by Migration and Random Species Drift". *Nature Communications*, v. 8, 1040, 2017; Christopher Stringer e Clive Gamble, *In Search of the Neanderthals* (Londres: Thames & Hudson, 1994). Mecanismos semelhantes foram observados em outras espécies. O esquilo cinzento norte-americano, por exemplo, foi introduzido na Inglaterra no século 18.

Duzentos anos depois, ele havia praticamente substituído o esquilo vermelho nativo, em virtude de uma reprodução mais rápida e uma atitude mais agressiva em relação à posse de território. (Veja Akira Okubo et al., "On the Space Spread of the Grey Squirrel in Britain". *Proceedings of the Royal Society of London Series B*, v. 238, pp. 113-25, 1989.)

28. Veja João Zilhão et al., "Precise Dating of the Middle-to-Upper Paleolithic Transition in Murcia (Spain) Supports Late Neandertal Persistence in Iberia". *Heliyon*, v. 3, e00435, 2017.

29. Veja Ludovic Slimak et al., "Late Mousterian Persistence Near the Arctic Circle". *Science*, v. 332, pp. 841-5, 2011.

30. Veja Krist Vaesen et al., "Inbreeding, Allee Effects and Stochasticity Might Be Sufficient to Account for Neanderthal Extinction". *PLoS ONE*, v. 14, e0225117, 2019.

31. Veja Jared Diamond, "The Last People Alive". *Nature*, v. 370, pp. 331-2, 1994.

32. Veja Qiaomei Fu et al., "An Early Modern Human from Romania with a Recent Neanderthal Ancestor". *Nature*, v. 524, pp. 216-9, 2015.

33. Veja Nicholas Conard et al., "New Flutes Document the Earliest Musical Tradition In Southwestern Germany". *Nature*, v. 460, pp. 737-40, 2009.

34. Veja Nicholas Conard, "Palaeolithic Ivory Sculptures from Southwestern Germany and the Origins of Figurative Art". *Nature*, v. 426, pp. 830-2, 2003.

35. Veja Maxime Aubert et al., "Pleistocene Cave Art from Sulawesi, Indonesia". *Nature*, v. 514, pp. 223-7, 2014; Maxime Aubert et al., "Palaeolithic Cave Art in Borneo". *Nature*, v. 564, pp. 254-7, 2018.

36. Veja David Lubman, "Did Paleolithic Cave Artists Intentionally Paint at Resonant Cave Locations?". *Journal of the Acoustical Society of America*, v. 141, 3999, 2017.

O PASSADO DO FUTURO [PP. 181-200]

1. *Dark Eden*, romance de Chris Beckett (Londres: Corvus, 2012), é a história de John Redlantern, um dos 532 descendentes de dois astronautas presos em um planeta distante. É uma história comovente dos esforços desesperados de uma pequena comunidade para sobreviver, apesar dos efeitos da malformação congênita causada pela endogamia.

2. Faz lembrar da trágica história do *Dedeckera eurekensis*, um arbusto confinado ao deserto de Mojave. Ele evoluiu em circunstâncias mais brandas, mas a incapacidade de se adaptar gerou uma série de anormalidades genéticas que resultaram na incapacidade quase total de se reproduzir.

(Veja Delbert Wiens et al., "Developmental Failure and Loss of Reproductive Capacity in the Rare Palaeoendemic Shrub *Dedeckera eurekensis*". *Nature*, v. 338, pp. 65-7, 1989.)

3. Veja Anu Sang et al., "Indirect Evidence for an Extinction Debt of Grassland Butterflies Half Century After Habitat Loss". *Biological Conservation*, v. 143, pp. 1405-13, 2010.

4. Veja David Tilman et al., "Habitat Destruction and the Extinction Debt". *Nature*, v. 371, pp. 65-6, 1994.

5. Veja Anthony J. Stuart, *Vanished Giants* (Chicago: University of Chicago Press, 2020) para um relato abrangente e legível das extinções do final do Pleistoceno.

6. Veja Anthony J. Stuart et al., "Pleistocene to Holocene Extinction Dynamics in Giant Deer and Woolly Mammoth". *Nature*, v. 431, pp. 684-9, 2004.

7. Por exemplo, em minha tese de doutorado não publicada e nunca lida, *Bovidae from the Pleistocene of Britain* (Fitzwilliam College, University of Cambridge, 1991), mostro que um tipo de bisão pequeno e robusto era comum na Grã-Bretanha no meio da era do gelo mais recente, mas foi substituído por uma forma maior à medida que a era do gelo progredia. Os bisões também eram comuns durante o período interglacial anterior de Ipswich, mas eram maiores e viviam na Inglaterra fora do vale do Tâmisa — naquela época, Londres era o país dos auroques. No Hoxnian, um ou dois interglaciais antes, os auroques eram comuns, e os bisões não eram encontrados em parte alguma, nem mesmo por dinheiro vivo. E mesmo antes *disso*, no Cromerian, não havia auroques, mas havia bisões — de outro tipo. Mas os sedimentos do Pleistoceno na Grã-Bretanha são comuns e é (relativamente) fácil colocá-los em ordem. Tal resolução não seria possível com depósitos, digamos, de idade permiana.

8. Há muito se pensa que a chegada humana às Américas não poderia ter sido anterior a cerca de 15 mil anos atrás. No entanto, a nova arqueologia e métodos de datação reformulados mostram que os humanos estavam presentes, ainda que esparsamente, há cerca de 30 mil anos, ou até antes. (Veja Lorena Becerra-Valdivia e Thomas Higham, "The Timing and Effect of the Earliest Human Arrivals in North America", 2020. Disponível em: <www.doi.org/10.1038/s41586-020-2491-6>. Acesso em: 27 fev. 2024; Ciprian Ardelean et al., "Evidence for Human Occupation in Mexico Around the Last Glacial Maximum". *Nature*, v. 584, pp. 87-92, 2020.)

9. Veja Dolores Piperno et al., "Processing of Wild Cereal Grains in the Upper Palaeolithic Revealed by Starch Grain Analysis". *Nature*, v. 430, pp. 670-3, 2004.

10. Veja Jared Diamond, "Evolution, Consequences and Future of Plant and Animal Domestication". *Nature*, v. 418, pp. 700-7, 2002.

11. Veja Fridolin Krausmann et al., "Global Human Appropriation of Net Primary Production Doubled in the 20th Century". *Proceedings of the National Academy of Sciences of the United States of America*, v. 110, pp. 10324-9, 2013.

12. Caso esteja interessado, eu nasci em 1962. "Good Luck Charm", de Elvis Presley, ficou no topo da Billboard Hot 100 e no Top of the Pops do Reino Unido.

13. A Taxa de Fecundidade Total (TFT) — a taxa em que os bebês devem nascer para superar a taxa de mortalidade — é de 2,1 filhos por mãe: seria 2,0, mas um pouco é adicionado para compensar eventuais problemas nos primeiros anos e o fato de que crianças do sexo masculino são mais propensas a morrer que as do sexo feminino. Em 2100, 183 países (dos 195 estudados) terão uma TFT inferior a essa, e a população global será menor do que é agora. Em alguns países, como Espanha, Tailândia e Japão, a população terá diminuído pela metade até essa data. (Veja Stein Emil Vollset et al., "Fertility, Mortality, Migration and Population Scenarios for 195 Countries and Territories from 2017 to 2100: A Forecasting Analysis for the Global Burden of Disease Study". *The Lancet*, v. 396, 10258, 2020. Disponível em: <www.doi.org/10.1016/S0140-6736(20)30677-2>. Acesso em: 27 fev. 2024.)

14. Veja Henrik Kaessmann et al., "Great Ape DNA Sequences Reveal a Reduced Diversity and an Expansion in Humans". *Nature Genetics*, v. 27, pp. 155-6, 2001; Henrik Kaessmann et al., "Extensive Nuclear DNA Sequence Diversity Among Chimpanzees". *Science*, v. 286, pp. 1159-62, 1999.

15. Tomei emprestada essa imagem impressionante de *After Man: A Zoology of the Future* (Granada Publishing, 1982), em que Dougal Dixon especula sobre os animais que podem surgir 50 milhões de anos após o fim da humanidade. O "predador noturno" é um horrível carnívoro derivado de morcego que ronda as florestas noturnas de uma massa de terra vulcânica recém-formada chamada Batávia, colonizada apenas por morcegos. As criaturas se transformam, ocupando muitos nichos ecológicos diferentes dos que geralmente são ocupados por morcegos.

16. Se você quiser passar uma noite preocupado e insone, leia *The Life and Death of Planet Earth*, de Peter Ward e Donald Brownlee (Times Books, Henry Holt and Co., 2002), no qual esses dois fatores são explorados sem piedade.

17. A concentração atmosférica de dióxido de carbono nos últimos 800 mil anos nunca ultrapassou cerca de 300 ppm. Em 2018, como fruto da atividade humana, ultrapassou 400 ppm, uma concentração que não era vista havia mais de 3 milhões de anos. (Veja Koji Hashimoto, "Global Temperature and Atmospheric Carbon Dioxide Concentration". In: *Global Carbon Dioxide Recycling*. Singapore: Springer, 2019, Coleção SpringerBriefs in Energy.)

18. É claro que a explicação é mais complexa que isso. A imagem que acabei de pintar baseia-se na ideia de que é apenas rocha de silicato nua e sem vida que é intemperizada. Embora isso fosse verdade há bilhões de anos, a presença da vida muda o jogo. A presença de matéria orgânica e rocha sedimentar rica em carbonatos influencia a taxa de intemperismo tanto para cima quanto para baixo, de maneiras difíceis de prever (Robert G. Hilton e A. Joshua West, "Mountains, Erosion and the Carbon Cycle". *Nature Reviews Earth & Environment*,

v. 1, pp. 284-99, 2020). Além disso, a maior parte do carbono em terra é armazenada em um substrato inteiramente gerado pela vida; isto é, o solo. O aumento da temperatura estimula uma maior respiração dos micróbios do solo, cujo resultado é a liberação de dióxido de carbono na atmosfera (Thomas Crowther et al., "Quantifying Global Soil Carbon Losses in Response to Warming". *Nature*, v. 540, pp. 104-8, 2016). Esses e outros processos influenciam a transferência de dióxido de carbono da atmosfera para o mar profundo.

19. Outra complicação é que, há cerca de 800 milhões de anos, a Terra pode ter sido atingida uma ou mais vezes por asteroides: um levantamento de crateras na Lua mostra um aumento nos impactos nessa época. (Veja Kentaro Terada et al., "Asteroid Shower on the Earth-Moon System Immediately Before the Cryogenian Period Revealed by Kaguya". *Nature Communications*, v. 11, 3453, 2020.)

20. Veja Luc Simon et al., "Origin and Diversification of Endomycorrhizal Fungi and Coincidence with Vascular Land Plants", op. cit.

21. Veja Suzanne W. Simard et al., "Net Transfer of Carbon Between Ectomycorrhizal Tree Species in the Field". *Nature*, v. 388, pp. 579-82, 1997; Yuan Yuan Song et al., "Defoliation of Interior Douglas-fir Elicits Carbon Transfer and Stress Signalling to Ponderosa Pine Neighbors Through Ectomycorrhizal Networks". *Scientific Reports*, v. 5, 8495, 2015 e John Whitfield, "Underground Networking". *Nature*, v. 449, pp. 136-8, 2007.

22. Veja Myron L. Smith et al., "The Fungus *Armillaria bulbosa* Is Among the Largest and Oldest Living Organisms". *Nature*, v. 356, pp. 428-31, 1992.

23. *Hymenoptera* começou a se diversificar há cerca de 281 milhões de anos (Ralph Peters et al., "Evolutionary History of the Hymenoptera". *Current Biology*, v. 27, pp. 1013-8, 2017); as primeiras mariposas conhecidas viveram há 300 milhões de anos (Akito Kawahara et al., "Phylogenomics Reveals the Evolutionary Timing and Pattern of Butterflies and Moths". *Proceedings of the National Academy of Sciences of the United States of America*, v. 116, pp. 22657-63, 2019).

24. Para uma introdução útil, que explica por que, quando comemos um figo, não ficamos com a boca cheia de vespas, veja James M. Cook e Stuart A. West, "Figs and Fig Wasps". *Current Biology*, v. 15, pp. 978-80, 2005.

25. Veja Carol A. Sheppard e Richard A. Oliver, "Yucca Moths and Yucca Plants: Discovery of 'the Most Wonderful Case of Fertilisation'". *American Entomologist*, v. 50, pp. 32-46, 2004.

26. Veja Deborah M. Gordon, "The Rewards of Restraint in the Collective Regulation of Foraging by Harvester Ant Colonies". *Nature*, v. 498, pp. 91-3, 2013.

27. Um tema discutido em forma de livro por Edward O. Wilson em *A conquista social da Terra* (Trad. de Ivo Korytowski. São Paulo: Companhia das Letras, 2013).

28. Os cientistas são unânimes quanto à formação de um supercontinente nos próximos 250 milhões de anos, mas as opiniões divergem quanto à sua forma exata. Um modelo diz que as Américas avançarão para o oeste até encontrarem o leste da Ásia, eliminando o oceano Pacífico. Outro sustenta que as Américas serão atraídas para a borda ocidental da Eurásia, como aconteceu no passado, acabando com o Atlântico. O livro *Supercontinent*, de Ted Nield, explica os raciocínios por trás desses cenários.

29. Para uma boa introdução à biosfera profunda, veja Amanda Leigh Mascarelli, "Low Life". *Nature*, v. 459, pp. 770-3, 2009.

30. Veja Gaetan Borgonie et al., "Eukaryotic Opportunists Dominate the Deep-Subsurface Biosphere in South Africa". *Nature Communications*, v. 6, 8952, 2015; Gaetan Borgonie et al., "Nematoda from the Terrestrial Deep Subsurface of South Africa". *Nature*, v. 474, pp. 79-82, 2011.

31. O cientista foi Nathan A. Cobb, que desenhou esse retrato de lombrigas à caneta em: "Nematodes and Their Relationships". *United States Department of Agriculture Yearbook*. Washington: US Department of Agriculture, 1914, p. 472.

32. Os modelos do ciclo de carbono sugerem que a vida desaparecerá entre 900 milhões e 1,5 bilhão de anos no futuro. Um bilhão de anos depois disso, os oceanos evaporarão. Veja Ken Caldeira e James F. Kasting, "The Life Span of the Biosphere Revisited". *Nature*, v. 360, pp. 721-3, 1992. O que acontece depois disso depende da rapidez com que os oceanos irão ferver. Se for rapidamente, a Terra secará e se tornará um planeta quente e deserto. Se for lentamente, grande parte da atmosfera cobrirá a Terra, criando um efeito estufa tão poderoso que a superfície do planeta derreterá. Essas visões deliciosas são descritas por Peter Ward e Donald Brownlee em *The Life and Death of Planet Earth* (Times Books, Henry Holt and Co., 2002). No final, isso pouco deve importar: em muitos bilhões de anos mais, o Sol se expandirá em uma gigante vermelha que encherá o céu, fritando a Terra em cinzas e possivelmente consumindo-a, antes de perder a maior parte de sua massa na forma de uma nebulosa planetária e encolher até se tornar uma pequena estrela anã branca que pode durar trilhões de anos. O Sol, por mais massivo que seja, não é o suficiente para explodir e se tornar uma supernova, semeando novas gerações de estrelas, planetas e vida.

EPÍLOGO [PP. 201-7]

1. Veja Anthony Barnosky et al., "Has the Earth's Sixth Mass Extinction Already Arrived?". *Nature*, v. 471, pp. 51-7, 2011.

2. Veja Simon Evans, "Analysis: UK Renewables Generate More Electricity than Fossil Fuels for First Time". *CarbonBrief*, 14 out. 2019. Disponível em:

<www.carbonbrief.org/analysis-uk-renewables-generate-more-electricity-than-fossil-fuels-for-first-time>. Acesso em: 26 jul. 2020.

3. Veja, por exemplo, o livro de Paul Ehrlich, *The Population Bomb* (San Francisco: Sierra Club; Nova York: Ballantine Books, 1968). Para uma avaliação de seus efeitos após meio século, consulte Charles C. Mann, "The Book That Incited a Worldwide Fear of Overpopulation". *Smithsonian Magazine*, jan. 2018. Disponível em: <www.smithsonianmag.com/innovation/book-incited-worldwide-fear-overpopulation-180967499/>. Acesso em: 26 jul. 2020.

4. Veja Hannah Ritchie, Pablo Rosado e Max Roser, "Energy". *Our World in Data*. Disponível em: <www.ourworldindata.org/energy>. Acesso em: 26 jul. 2020.

5. Veja Joseph Friedman et al., "Measuring and Forecasting Progress Towards the Education-Related SDG Targets". *Nature*, v. 580, pp. 636-9, 2020.

6. Veja Stein Emil Vollset et al., "Fertility, Mortality, Migration and Population Scenarios for 195 Countries and Territories from 2017 to 2100: A Forecasting Analysis for the Global Burden of Disease Study", op. cit.

7. Veja, por exemplo, Gerda Horneck et al., "Space Microbiology". *Microbiology and Molecular Biology Reviews*, v. 74, pp. 121-56, 2010. A possibilidade de que seres vivos (além de humanos) possam viajar entre planetas é algo que optei por não discutir neste livro.

Índice remissivo

A marca FSC® é a garantia de que
a madeira utilizada na fabricação
do papel deste livro provém de
florestas gerenciadas de maneira
ambientalmente correta, socialmente
justa e economicamente viável e de
outras fontes de origem controlada.

Título original: *A (Very) Short History of Life on Earth: 4.6 Billion Years in 12 Chapters*

DIRETORAS EDITORIAIS Fernanda Diamant e Rita Mattar
EDITORA Eloah Pina
ASSISTENTE EDITORIAL Millena Machado
PREPARAÇÃO Bonie Santos
REVISÃO Eduardo Russo e Gabriela Rocha
ÍNDICE REMISSIVO Probo Poletti
DIRETORA DE ARTE Julia Monteiro
CAPA E ILUSTRAÇÃO Carol Grespan e Daniel Bueno
PROJETO GRÁFICO Alles Blau
EDITORAÇÃO ELETRÔNICA Página Viva

Dados Internacionais de Catalogação na Publicação (CIP)
(Câmara Brasileira do Livro, SP, Brasil)

Gee, Henry
Uma história (muito) curta da vida na Terra : 4,6 bilhões de anos em doze capítulos (!) / Henry Gee ; tradução Gilberto Stam. — 1. ed. — São Paulo : Fósforo, 2024.

Título original: A (Very) Short History of Life on Earth.
ISBN: 978-65-6000-014-8

1. Geologia 2. Paleontologia 3. Planeta Terra 4. Pré-história 5. Universo — Origem I. Título.

24-199958 CDD — 507

Índice para catálogo sistemático:
1. Universo : Origem e evolução 507

Aline Graziele Benitez — Bibliotecária — CRB-1/3129

1ª edição
1ª reimpressão, 2024

Editora Fósforo
Rua 24 de Maio, 270/276, 10º andar, salas 1 e 2 — República
01041-001 — São Paulo, SP, Brasil — Tel: (11) 3224.2055
contato@fosforoeditora.com.br / www.fosforoeditora.com.br

Este livro foi composto em GT Alpina e GT Flexa e impresso pela Ipsis em papel Pólen Natural 80 g/m² da Suzano para a Editora Fósforo em julho de 2024.